한 권 으 로

완 성 하 는

기 출

이해원 지음

한완

KB213314

교 육 청 · 사 관 · 경 찰

×

기 하

한 권 으 로

완 성 하 는

기 출

이해원 지음

| 차례 |

| 공부법 |

본문 학습 가이드

1. 교육청·사관학교·경찰대 기출 2017~2025 4점 고3 모든 문항과 고2 우수 문항,
                        2005~2016 4점 고2·고3 우수 문항을 수록하였습니다.

2. 순서대로 푸는 것이 기출문제를 효율적으로 학습하는 방법입니다. Part 1 → Part 2 순이 곧 중요도 순입니다.

3. Part 1, 2의 모든 문항은 '한완기 평가원·수능'에서 공부할 수 있는 Pattern, Thema와 연계되어 있습니다.

4. QR코드로 학습에 편의를 더하였습니다.
    '빠른 정답'과 '연도별 문항 찾기'는 본문 뒤의 책갈피, '테마별 문항 찾기'는 본문 뒤쪽에도 있습니다.

빠른 정답	연도별 문항	테마별 문항

해설 학습 가이드

1. [교과서 개념]은 교과서 본문에 있는 개념을 의미합니다. 예제, 문제, 탐구활동 등에 있는 개념은 [교과서 개념]이 아닙니다.
    이런 [교과서 개념]만 활용한 해설을 [교과서적 해법]이라 약속합니다.

2. 교과서 개념으로부터 유도된 개념이나 문제로부터 유도된 개념은 [실전 개념]이라 약속합니다. [실전 개념]은 당연히 교과서 본문에 없는
    개념입니다. 풀이에서 [실전 개념]이 하나라도 활용되면 [실전적 해법]이라 약속합니다.

소통

소통   : http://pnmath.kr
- 상위권 수험생들과 소통이 가능한 사이트이며, 저자 이해원도 활동하고 있습니다.
  정오사항에 대한 질문은 이 사이트에서 받지 않습니다. 아래의 메일로 보내주세요.

정오   : lhwmathlab@naver.com
- 정오사항이 있으면 여기로 제보해주세요. 정오 관련 메일 외에는 답변하지 않습니다.

Q&A   : http://pmh.kr/QnA
- 이해원연구소 교재 내용에 대한 질문을 '이해원연구소 연구원'에게 할 수 있는 게시판입니다.
  정오사항에 대한 질문은 이 게시판에서 받지 않습니다. 위의 메일로 보내주세요.

교재 Q&A

문항 학습 가이드

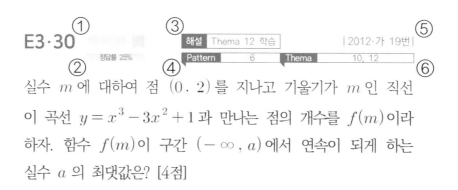

① ② ③ ④ ⑤ ⑥

E3·30

정답률 25%

해설 Thema 12 학습 | 2012·가 19번|

Pattern 6 Thema 10, 12

실수 m 에 대하여 점 $(0, 2)$ 를 지나고 기울기가 m 인 직선

이 곡선 $y = x^3 - 3x^2 + 1$ 과 만나는 점의 개수를 $f(m)$ 이라

하자. 함수 $f(m)$ 이 구간 $(-\infty, a)$ 에서 연속이 되게 하는

실수 a 의 최댓값은? [4점]

① '한완수'의 네모 박스와 같은 방식으로 활용할 수 있습니다. [교과서적 해법]을 통해 문제를 완벽하게 풀었을 때 첫 번째 칸에 체크, [실전
해법]을 통해 문제를 풀었을 때 두 번째 칸에 체크하는 식으로 활용하면 됩니다. 문제마다 실전 해법은 존재하지 않을 수 있습니다. 세 번째 칸,
네 번째 칸은 자유롭게 용도를 정해서 활용하면 됩니다.

② 문항의 정답률을 알 수 있습니다. 여러 가지 자료를 참고하여 이해원연구소 자체적으로 분석한 정답률입니다. 문항의 난도를 가늠할 수
있는 참고 자료로 활용하면 됩니다.

③ 해설에 특별히 학습해야 할 것이 있으면 그것이 무엇인지 표시되어 있습니다. 예를 들어, 해설 Thema 12 학습 이라 적혀 있으면 본문에서
처음으로 'Thema 12'가 활용되는 문항이 등장한 것이므로 Thema 12를 해설과 테마 교재에서 학습하라는 뜻입니다. 마찬가지로
해설 실전 개념 이라 적혀 있으면 해설에서 새로운 [실전 개념]을 공부할 수 있으므로 해설을 같이 공부하면 됩니다.

④ 해당 문항에 활용된 [교과서 개념]을 'Pattern 06'에서 학습할 수 있다는 것을 의미합니다. 해당 문항을 [교과서적 해법]으로 푸는 것이
어려우면 'Pattern 06'을 공부하고 다시 풀어보면 됩니다.

⑤ 문항의 출처가 표기되어 있습니다. 평가원·수능 문항의 표기 방법과 교육청·사관학교·경찰대 문항의 표기 방법은 차이가 있습니다.
 - '2012·가 19번' 이라 표시되어 있으면 2011년 11월에 시행된 수능 수학 가형에서 19번이었다는 뜻입니다.
 - '2022.9 19번' 이라 표시되어 있으면 2021년 9월에 시행된 평가원 수학에서 19번이었다는 뜻입니다.
 - '2020.3·나 20번' 이라 표시되어 있으면 2020년 3월에 시행된 교육청 수학 나형에서 20번이었다는 뜻입니다.
이처럼 '평가원·수능 문항'과 '교육청·사관학교·경찰대 문항'은 표기 방법에서 차이가 있으니 확인해야 합니다. 일반적으로 시행 월이
3,4,7,10이면 교육청 기출, 시행 월이 6,9면 평가원 기출, 시행 월 표기가 없으면 수능 기출입니다.

⑥ 해당 문항에 활용된 [실전 개념]을 'Thema 10'과 'Thema 12'에서 학습할 수 있다는 것을 의미합니다. 해당 문항을 [실전적 해법]으로
푸는 것이 어려우면 'Thema 10'과 'Thema 12'를 공부하고 다시 풀어보면 됩니다.

│ 계획 │

① Part 1을 다 푸는 것을 '우선 목표'로 삼으면 됩니다.

② '우선 목표'에서 틀린 문항은 2주일 이상 시간을 두고 다시 풀어보세요. 총 3번을 시도한 후 안 풀리면 해설을 보면서 학습하세요.

③ 틀린 문항은 '맞힌 후' 혹은 '해설을 공부한 후' 왜 틀렸는지에 대한 이유를 기록해두세요.

④ 틀린 문항, 틀린 이유를 모두 반복 공부하여 '우선 목표'에 있는 기출 문항을 완벽하게 풀 수 있는 상태가 되어야 합니다.

Example

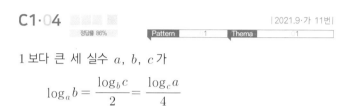

C1·04
정답률 86%

| 2021.9·가 11번 |

| Pattern | 1 | Thema | 1 |

1 보다 큰 세 실수 a, b, c 가

$$\log_a b = \frac{\log_b c}{2} = \frac{\log_c a}{4}$$

를 만족시킬 때, $\log_a b + \log_b c + \log_c a$ 의 값은? [3점]

	처음 틀린 문항	약 2주 후 틀린 문항	약 4주 후 틀린 문항	3번 풀고, 틀린 문항에 대한 이유 분석
	날짜 2025년 1월 4일	날짜 2025년 1월 18일	날짜 2025년 1월 31일	C1·04
DAY 4	C1·01, C1·04, C1·06, C1·08, C1·10, C1·12	C1·04, C1·08, C1·10	C1·04	① $\log_a b$, $\log_b a$ 를 보면 역수 관계임을 알 수 있어야 한다. ② $\log_a b = \frac{\log_b c}{2} = \frac{\log_c a}{4}$ 처럼 $A = B = C$ 꼴이 등장하면 $= k$ 라 두고 풀 생각을 해야 한다.

표에서 처음 푼 날짜 2025년 1월 4일과 틀린 문항 6개 C1·01, C1·04, C1·06, C1·08, C1·10, C1·12를 기록한 것을 확인할 수 있습니다. 마찬가지로 약 2주 후에 두 번째 푼 날짜 2025년 1월 18일과 틀린 문항 3개 C1·04, C1·08, C1·10을 기록하고, 약 4주 후에 세 번째 푼 날짜 2025년 1월 31일과 틀린 문항 1개 C1·04를 기록한 것을 확인할 수 있습니다. 이때 C1·04처럼 3번 풀어도 틀린 문항에 대해서는 위의 표의 오른쪽 칸과 같이 틀린 이유를 자세하게 분석해야 합니다. 그렇게 공부해야 유사한 발상이 포함된 문제를 만났을 때 다시 틀리지 않을 수 있습니다. 보통 한 번 틀린 유형을 반복해서 틀리기 마련인데 그것을 방지하려고 스스로 노력하는 자세가 중요합니다.

	Part 1												
	처음 틀린 문항				약 2주 후 틀린 문항				약 4주 후 틀린 문항				3번 풀고, 틀린 문항에 대한 이유 분석
	날짜	년	월	일	날짜	년	월	일	날짜	년	월	일	
DAY 1													
	날짜	년	월	일	날짜	년	월	일	날짜	년	월	일	
DAY 2													
	날짜	년	월	일	날짜	년	월	일	날짜	년	월	일	
DAY 3													

	처음 틀린 문항			약 2주 후 틀린 문항			약 4주 후 틀린 문항			3번 풀고, 틀린 문항에 대한 이유 분석
	날짜	년 월	일	날짜	년 월	일	날짜	년 월	일	
DAY 4										
	날짜	년 월	일	날짜	년 월	일	날짜	년 월	일	
DAY 5										
	날짜	년 월	일	날짜	년 월	일	날짜	년 월	일	
DAY 6										
	날짜	년 월	일	날짜	년 월	일	날짜	년 월	일	
DAY 7										
	날짜	년 월	일	날짜	년 월	일	날짜	년 월	일	
DAY 8										
	날짜	년 월	일	날짜	년 월	일	날짜	년 월	일	
DAY 9										
	날짜	년 월	일	날짜	년 월	일	날짜	년 월	일	
DAY 10										
	날짜	년 월	일	날짜	년 월	일	날짜	년 월	일	
DAY 11										
	날짜	년 월	일	날짜	년 월	일	날짜	년 월	일	
DAY 12										
	날짜	년 월	일	날짜	년 월	일	날짜	년 월	일	
DAY 13										
	날짜	년 월	일	날짜	년 월	일	날짜	년 월	일	
DAY 14										

	날짜	년 월	일	날짜	년 월	일	날짜	년 월	일	

'우선 목표'인 'Part 1'을 완벽하게 공부한 후 'N제' 'Part 2' 중 무엇을 먼저 풀지에 대한 계획을 스스로 생각해서 세우면 됩니다. 일반적으로 'N제' > '교사경(최신)' > '평수능(과거)' 정도의 우선 순위로 공부하는 편입니다. 하지만 '우선 목표'를 완벽하게 공부했고 풀 줄 알면 수학 실력이 많이 성장한 것이기 때문에 스스로 생각하여 우선 순위를 정해서 공부해도 상관없습니다.

PART

1

2005 ~ 2025

교육청·사관학교·경찰대 핵심

교육청·사관학교·경찰대 문항은 기출문제 중에서 평가원·수능 기출 다음으로 중요합니다. 2017 ~ 2025 4점
모든 문항과 2005 ~ 2016 4점 선별 문항 중 중요도에 따라 Part를 구분했기 때문에 '한완기'를 Part 순서대로
풀어나가면 자연스럽게 효율적인 기출 문항 공부를 할 수 있습니다.

한 권 으 로
완 성 하 는
기 출

PART
1

1. 이차곡선   **1-1** 이차곡선

   1-2 이차곡선과 직선

A·01

정답률 82%

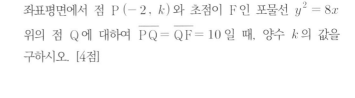

| 2016.4·가 13번 |

그림과 같이 초점이 F 인 포물선 $y^2 = 8x$ 위의 점 P 에서 x 축에 내린 수선의 발을 H 라 하자. 삼각형 PFH 의 넓이가 $3\sqrt{10}$ 일 때, 선분 PF 의 길이는? (단, 점 P 의 x 좌표는 점 F 의 x 좌표보다 크다.) [3점]

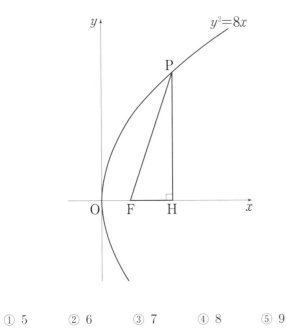

① 5   ② 6   ③ 7   ④ 8   ⑤ 9

A·02

정답률 83%

| 2019.4·가 26번 |

좌표평면에서 점 $P(-2, k)$ 와 초점이 F 인 포물선 $y^2 = 8x$ 위의 점 Q 에 대하여 $\overline{PQ} = \overline{QF} = 10$ 일 때, 양수 k 의 값을 구하시오. [4점]

A·03

그림과 같이 두 점 $F(5, 0)$, $F'(-5, 0)$을 초점으로 하는 타원이 x축과 만나는 점 중 x좌표가 양수인 점을 A 라 하자. 점 F 를 중심으로 하고 점 A 를 지나는 원을 C라 할 때, 원 C 위의 점 중 y좌표가 양수인 점 P 와 타원 위의 점 중 제 2사분면에 있는 점 Q 가 다음 조건을 만족시킨다.

> (가) 직선 $\mathrm{PF'}$은 원 C에 접한다.
> (나) 두 직선 $\mathrm{PF'}$, $\mathrm{QF'}$은 서로 수직이다.

$\overline{\mathrm{QF'}} = \dfrac{3}{2}\overline{\mathrm{PF}}$ 일 때, 이 타원의 장축의 길이는?

(단, $\overline{\mathrm{AF}} < \overline{\mathrm{FF'}}$) [3점]

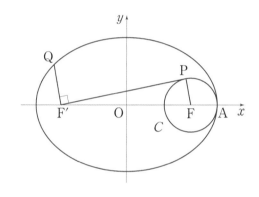

① $\dfrac{25}{2}$ ② 13   ③ $\dfrac{27}{2}$ ④ 14   ⑤ $\dfrac{29}{2}$

A·04

타원 $\dfrac{x^2}{25} + \dfrac{y^2}{9} = 1$ 의 두 초점을 F, F' 라 하자. 타원 위의 점 P 가 $\angle \mathrm{FPF'} = \dfrac{\pi}{2}$ 를 만족시킬 때, 삼각형 FPF' 의 넓이는? [3점]

① 6   ② 7   ③ 8   ④ 9   ⑤ 10

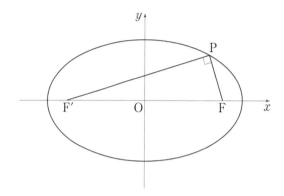

A·05 | 2007.10·가 21번 |
정답률 74%   Pattern   2   Thema

그림과 같이 좌표평면에 중심의 좌표가 각각 $(10, 0)$, $(-10, 0)$, $(0, 6)$, $(0, -6)$이고 반지름의 길이가 모두 같은 4개의 원에 동시에 접하고, 초점이 x축 위에 있는 타원이 있다.

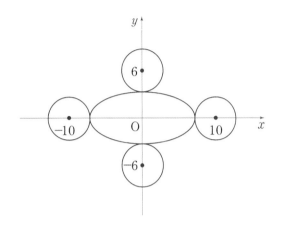

이 타원의 두 초점 사이의 거리가 $4\sqrt{10}$일 때, 장축의 길이를 구하시오. (단, 네 원의 중심은 타원의 외부에 있다.) [4점]

A·06 | 2005.10·가 23번 |
정답률 79%   Pattern   2   Thema

그림과 같이 두 점 $F(c, 0)$, $F'(-c, 0)$을 초점으로 하는 타원 $\dfrac{x^2}{a^2}+\dfrac{y^2}{16}=1$과 직선 $x=c$의 교점을 A, B라 하자.

두 점 $C(a, 0)$, $D(-a, 0)$에 대하여, 사각형 ADBC의 넓이를 구하시오. (단, a와 c는 양수이다.) [4점]

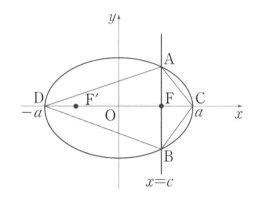

A·07

점 F 를 초점으로 하는 포물선 $y^2 = 4x$ 가 있다. 다음 조건을 만족시키는 포물선 $y^2 = 4x$ 위의 서로 다른 세 점 P, Q, R 에 대하여 $\overline{PF} + \overline{QF} + \overline{RF}$ 의 값은? [3점]

> 점 P 와 직선 $y = x - 2$ 사이의 거리를 k 라 할 때, 이 직선으로부터의 거리가 k 가 되도록 하는 포물선 $y^2 = 4x$ 위의 점 중 P 가 아닌 점은 Q, R 뿐이다.

① 17   ② $\dfrac{35}{2}$ ③ 18   ④ $\dfrac{37}{2}$ ⑤ 19

A·08

두 초점이 F, F′ 인 쌍곡선 $\dfrac{x^2}{7} - \dfrac{y^2}{9} = -1$ 위의 점 중 제 1 사분면에 있는 점 P 에 대하여 각 FPF′ 의 이등분선이 점 $(0, 1)$ 을 지날 때, $\overline{FP} + \overline{F'P}$ 의 값은? [3점]

① 24   ② 28   ③ 32   ④ 36   ⑤ 40

A·09   정답률 74%   Pattern 4 Thema

그림과 같이 두 초점이 $F(0, c)$, $F'(0, -c)(c > 0)$인 쌍곡선 $\dfrac{x^2}{12} - \dfrac{y^2}{4} = -1$ 이 있다. 쌍곡선 위의 제1사분면에 있는 점 P와 쌍곡선 위의 제3사분면에 있는 점 Q가

$$\overline{PF'} - \overline{QF'} = 5, \quad \overline{PF} = \frac{2}{3}\overline{QF}$$

를 만족시킬 때, $\overline{PF} + \overline{QF}$ 의 값은? [3점]

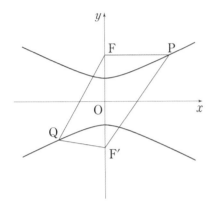

① 10   ② $\dfrac{35}{3}$ ③ $\dfrac{40}{3}$ ④ 15   ⑤ $\dfrac{50}{3}$

A·10

Pattern 4 Thema

그림과 같이 두 초점이 F, F'인 쌍곡선 $ax^2 - 4y^2 = a$ 위의 점 중 제1사분면에 있는 점 P와 선분 PF' 위의 점 Q에 대하여 삼각형 PQF는 한 변의 길이가 $\sqrt{6} - 1$인 정삼각형이다. 상수 a의 값은? (단, 점 F의 x좌표는 양수이다.) [3점]

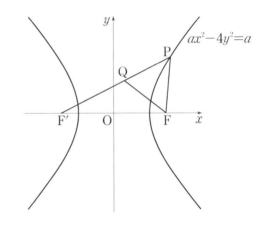

① $\dfrac{9}{2}$ ② 5   ③ $\dfrac{11}{2}$ ④ 6   ⑤ $\dfrac{13}{2}$

A·11

정답률 70%

Pattern   04   Thema

| 2022.10·기하 27번 |

양수 p 에 대하여 두 포물선 $x^2 = 8(y+2)$, $y^2 = 4px$ 가 만나는 점 중 제 1 사분면 위의 점을 P 라 하자. 점 P 에서 포물선 $x^2 = 8(y+2)$ 의 준선에 내린 수선의 발 H 와 포물선 $x^2 = 8(y+2)$ 의 초점 F 에 대하여 $\overline{PH} + \overline{PF} = 40$ 일 때, p 의 값은? [3점]

① $\dfrac{16}{3}$ ② 6 ③ $\dfrac{20}{3}$ ④ $\dfrac{22}{3}$ ⑤ 8

A·12

정답률 54%

Pattern   04   Thema

| 2022.3·기하 27번 |

초점이 F 인 포물선 $y = 4px \, (p > 0)$ 위의 점 중 제 1 사분면에 있는 점 P 에서 준선에 내린 수선의 발 H 에 대하여 선분 FH 가 포물선과 만나는 점을 Q 라 하자. 점 Q 가 다음 조건을 만족시킬 때, 상수 p 의 값은? [3점]

(가) 점 Q 는 선분 FH 를 $1:2$ 로 내분한다.

(나) 삼각형 PQF 의 넓이는 $\dfrac{8\sqrt{3}}{3}$ 이다.

① $\sqrt{2}$ ② $\sqrt{3}$ ③ 2 ④ $\sqrt{5}$ ⑤ $\sqrt{6}$

A·13

정답률 72%   Pattern 4   Thema

점 $A(6, 12)$ 와 포물선 $y^2 = 4x$ 위의 점 P, 직선 $x = -4$ 위의 점 Q 에 대하여 $\overline{AP} + \overline{PQ}$ 의 최솟값은? [3점]

① 12   ② 14   ③ 16   ④ 18   ⑤ 20

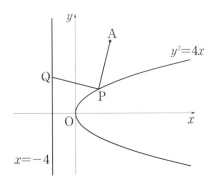

A·14

정답률 91%   Pattern 4   Thema

그림과 같이 점 F 가 초점인 포물선 $y^2 = 4px$ 위의 점 P 를 지나고 y 축에 수직인 직선이 포물선 $y^2 = -4px$ 와 만나는 점을 Q 라 하자. $\overline{OP} = \overline{PF}$ 이고 $\overline{PQ} = 6$ 일 때, 선분 PF 의 길이는? (단, O 는 원점이고, p 는 양수이다.) [3점]

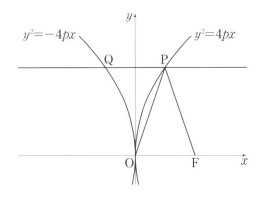

① 7   ② 8   ③ 9   ④ 10   ⑤ 11

A·15

| 2018.4·가 12번 |

정답률 88%   Pattern 04   Thema

좌표평면 위에 두 점 $F(c, 0)$, $F'(-c, 0)$ $(c > 0)$을 초점으로 하고 점 $A(0, 1)$을 지나는 타원 C가 있다. 두 점 A, F'을 지나는 직선이 타원 C와 만나는 점 중 점 A가 아닌 점을 B라 하자. 삼각형 ABF의 둘레의 길이가 16일 때, 선분 FF'의 길이는? [3점]

① 6 ② $4\sqrt{3}$ ③ $2\sqrt{15}$ ④ $6\sqrt{2}$ ⑤ $2\sqrt{21}$

A·16

| 2018.사관·가 24번 |

Pattern 04   Thema

좌표평면에서 타원 $\dfrac{x^2}{25} + \dfrac{y^2}{9} = 1$의 두 초점을 $F(c, 0)$, $F'(-c, 0)$ $(c > 0)$이라 하자. 이 타원 위의 제1사분면에 있는 점 P에 대하여 F'을 중심으로 하고 점 P를 지나는 원과 직선 PF'이 만나는 점 중 P가 아닌 점을 Q라 하고, 점 F를 중심으로 하고 점 P를 지나는 원과 직선 PF가 만나는 점 중 P가 아닌 점을 R라 할 때, 삼각형 PQR의 둘레의 길이를 구하시오. [3점]

A·17

| 2017.10·가 8번 |

정답률 90%   Pattern   4   Thema

그림과 같이 포물선 $y^2 = 4x$ 위의 점 A 에서 x 축에 내린 수선의 발을 H 라 하자. 포물선 $y^2 = 4x$ 의 초점 F 에 대하여 $\overline{AF} = 5$ 일 때, 삼각형 AFH 의 넓이는? [3점]

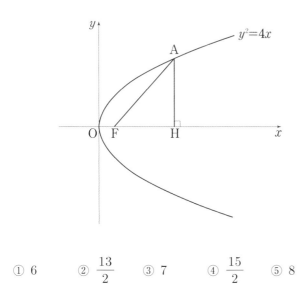

① 6   ② $\dfrac{13}{2}$ ③ 7   ④ $\dfrac{15}{2}$ ⑤ 8

A·18

해설 Thema 1 학습 | 2017.사관·가 10번 |

Pattern   4   Thema   1

그림과 같이 포물선 $y^2 = 4x$ 위의 한 점 P 를 중심으로 하고 준선과 점 A 에서 접하는 원이 x 축과 만나는 두 점을 각각 B, C 라 하자. 부채꼴 PBC 의 넓이가 부채꼴 PAB 의 넓이의 2 배일 때, 원의 반지름의 길이는? (단, 점 P 의 x 좌표는 1 보다 크고, 점 C 의 x 좌표는 점 B 의 x 좌표보다 크다.) [3점]

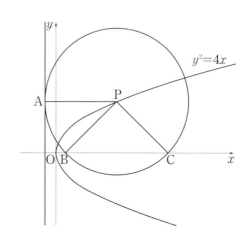

① $2 + 2\sqrt{3}$ ② $3 + 2\sqrt{2}$ ③ $3 + 2\sqrt{3}$

④ $4 + 2\sqrt{2}$ ⑤ $4 + 2\sqrt{3}$

A·19

| 2021.4·기하 27번 |

정답률 80%   Pattern ④   Thema

그림과 같이 두 점 $F(c, 0)$, $F'(-c, 0)\,(c > 0)$을 초점으로 하는 타원 $\dfrac{x^2}{a^2} + \dfrac{y^2}{7} = 1$과 두 점 F, F'을 초점으로 하는 쌍곡선 $\dfrac{x^2}{4} - \dfrac{y^2}{b^2} = 1$이 제1사분면에서 만나는 점을 P라 하자. $\overline{PF} = 3$일 때, $a^2 + b^2$의 값은? (단, a, b는 상수이다.)

[3점]

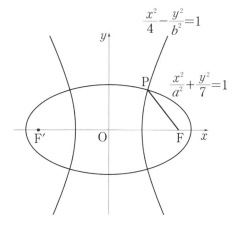

① 31   ② 33   ③ 35   ④ 37   ⑤ 39

A·20

| 2017.사관·가 24번 |

Pattern ④   Thema

두 초점 F, F'을 공유하는 타원 $\dfrac{x^2}{a} + \dfrac{y^2}{16} = 1$과 쌍곡선 $\dfrac{x^2}{4} - \dfrac{y^2}{5} = 1$이 있다. 타원과 쌍곡선이 만나는 점 중 하나를 P라 할 때, $\left| \overline{PF}^2 - \overline{PF'}^2 \right|$의 값을 구하시오. (단, a는 양수이다.) [3점]

A·21

| 2019.사관·가 15번 |

Pattern   2   Thema

그림과 같이 타원 $\dfrac{x^2}{a}+\dfrac{y^2}{12}=1$ 의 두 초점 중 x 좌표가 양수

인 점을 F, 음수인 점을 F$'$ 이라 하자. 타원 $\dfrac{x^2}{a}+\dfrac{y^2}{12}=1$

위에 있고 제 1 사분면에 있는 점 P 에 대하여 선분 F$'$P 의

연장선 위에 점 Q 를 $\overline{\mathrm{F'Q}}=10$ 이 되도록 잡는다. 삼각형

PFQ 가 직각이등변삼각형일 때, 삼각형 QF$'$F 의 넓이는?

(단, $a>12$) [4점]

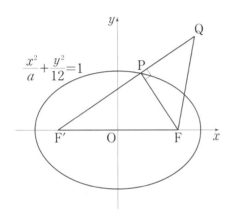

① 15   ② $\dfrac{35}{2}$ ③ 20   ④ $\dfrac{45}{2}$ ⑤ 25

A·22

| 2017.4·가 14번 |

정답률 88%   Pattern   2   Thema

그림과 같이 타원 $\dfrac{x^2}{100}+\dfrac{y^2}{k}=1$ 위의 제 1 사분면에 있는 점

P와 두 초점 F, F$'$ 에 대하여 삼각형 PF$'$F 의 둘레의 길이

가 34 일 때, 상수 k 의 값은?

(단, $0<k<100$) [4점]

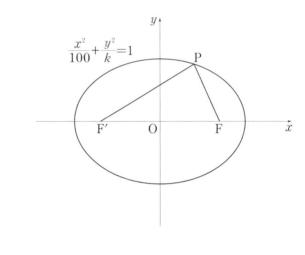

① 36   ② 41   ③ 46   ④ 51   ⑤ 56

A·23 ｜2016.4·가 17번｜

정답률 75%   Pattern 02   Thema

그림과 같이 타원 $\dfrac{x^2}{a^2}+\dfrac{y^2}{b^2}=1$ 의 두 초점 중 x 좌표가 양수인 점을 F, 음수인 점을 F′ 이라 하자. 타원 위의 점 P 에 대하여 선분 PF′ 의 중점 M 의 좌표가 $(0, 1)$ 이고 $\overline{PM}=\overline{PF}$ 일 때, a^2+b^2 의 값은? (단, a, b 는 상수이다.)

[4점]

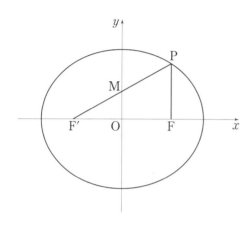

① 14 ② 15 ③ 16 ④ 17 ⑤ 18

A·24 ｜2019.4·가 15번｜

정답률 74%   Pattern 03   Thema

좌표평면 위에 두 점 A$(-4, 0)$, B$(4, 0)$과 쌍곡선 $\dfrac{x^2}{4}-\dfrac{y^2}{12}=1$ 이 있다. 쌍곡선 위에 있고 제 1 사분면에 있는 점 P 에 대하여 $\angle\mathrm{APB}=\dfrac{\pi}{2}$ 일 때, 원점을 중심으로 하고 직선 AP 에 접하는 원의 반지름의 길이는? [4점]

① $\sqrt{7}-2$ ② $\sqrt{7}-1$ ③ $2\sqrt{2}-1$
④ $\sqrt{7}$ ⑤ $2\sqrt{2}$

A·25

| 2023.사관·기하 28번 |

점 F를 초점으로 하고 직선 l을 준선으로 하는 포물선이 있다. 포물선 위의 두 점 A, B와 점 F를 지나는 직선이 직선 l과 만나는 점을 C라 하자. 두 점 A, B에서 직선 l에 내린 수선의 발을 각각 H, I라 하고 점 B에서 직선 AH에 내린 수선의 발을 J라 하자. $\dfrac{\overline{BJ}}{\overline{BI}} = \dfrac{2\sqrt{15}}{3}$ 이고 $\overline{AB} = 8\sqrt{5}$ 일 때, 선분 HC의 길이는? [4점]

① $21\sqrt{3}$　② $22\sqrt{3}$　③ $23\sqrt{3}$　④ $24\sqrt{3}$　⑤ $25\sqrt{3}$

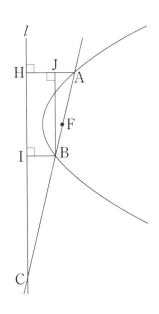

A·26

| 2021.3·기하 28번 |

자연수 n에 대하여 초점이 F인 포물선 $y^2 = 2x$ 위의 점 P_n이 $\overline{FP_n} = 2n$을 만족시킬 때, $\displaystyle\sum_{n=1}^{8} \overline{OP_n}^2$의 값은? (단, O는 원점이고, 점 P_n은 제1사분면에 있다.) [4점]

① 874　② 876　③ 878　④ 880　⑤ 882

A·27

정답률 75%   Pattern ④   Thema ☐ | 2018.10·가 27번 |

그림과 같이 원점을 꼭짓점으로 하고 초점이 $F_1(1, 0)$, $F_2(4, 0)$인 두 포물선을 각각 P_1, P_2라 하자. 직선 $x = k$ $(1 < k < 4)$가 포물선 P_1과 만나는 두 점을 A, B라 하고, 포물선 P_2와 만나는 두 점을 C, D라 하자. 삼각형 F_1AB의 둘레의 길이를 l_1, 삼각형 F_2DC의 둘레의 길이를 l_2라 하자. $l_2 - l_1 = 11$일 때, $32k$의 값을 구하시오. [4점]

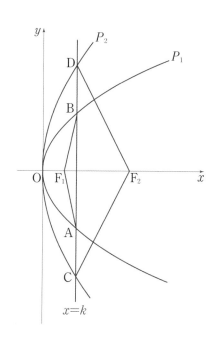

A·28

정답률 87%   해설 Thema ☐2 학습   Pattern ④   Thema ①, ② | 2015.7·B 17번 |

그림과 같이 포물선 $y^2 = 8x$ 위의 네 점 A, B, C, D를 꼭짓점으로 하는 사각형 ABCD에 대하여 두 선분 AB와 CD가 각각 y축과 평행하다. 사각형 ABCD의 두 대각선의 교점이 포물선의 초점 F와 일치하고 $\overline{DF} = 6$일 때, 사각형 ABCD의 넓이는? [4점]

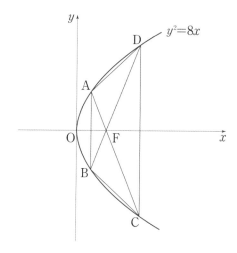

① $14\sqrt{2}$ ② $15\sqrt{2}$ ③ $16\sqrt{2}$

④ $17\sqrt{2}$ ⑤ $18\sqrt{2}$

A·29

정답률 82%   Pattern   4   Thema

| 2014.7·B 18번 |

그림과 같이 포물선 $y^2 = 4px$ 의 초점 F 를 중심으로 하고 원점을 지나는 원 C 가 있다. 포물선 위의 점 A 와 점 B 에 대하여 선분 FA 와 선분 FB 가 원 C 와 만나는 점을 각각 P, Q 라 할 때, 점 P 는 선분 FA 의 중점이고, 점 Q 는 선분 FB 를 $2:5$ 로 내분하는 점이다. 삼각형 AFB 의 넓이가 24 일 때, p 의 값은? (단, 점 A 와 점 B 는 제 1 사분면 위에 있다.) [4점]

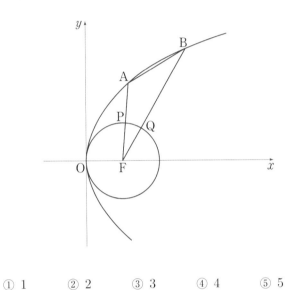

① 1   ② 2   ③ 3   ④ 4   ⑤ 5

A·30

정답률 87%   Pattern   4   Thema   1, 2

| 2012.10·가 13번 |

그림과 같이 초점이 F 인 포물선 $y^2 = 12x$ 위에 $\angle \mathrm{OFA} = \angle \mathrm{AFB} = \dfrac{\pi}{3}$ 인 두 점 A, B 가 있다. 삼각형 AFB 의 넓이는? (단, O 는 원점이고 두 점 A, B 는 제 1 사분면 위의 점이다.) [4점]

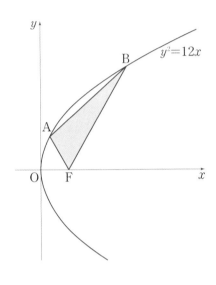

① $8\sqrt{3}$ ② $10\sqrt{3}$ ③ $12\sqrt{3}$ ④ $14\sqrt{3}$ ⑤ $16\sqrt{3}$

A·31

정답률 84%   Pattern ④4   Thema | 2016.10·가 20번 |

타원 $\dfrac{x^2}{a^2}+\dfrac{y^2}{b^2}=1$ 의 두 초점 $F(6, 0)$, $F'(-6, 0)$에 대하여 선분 $F'F$ 를 지름으로 하는 원이 있다. 타원과 원의 교점 중 제 1 사분면에 있는 점을 P 라 하자. 원 위의 점 P 에서의 접선이 x 축의 양의 방향과 이루는 각의 크기가 $\dfrac{5\pi}{6}$ 일 때, 타원의 장축의 길이는? (단, a, b 는 $0 < \sqrt{2}\,b < a$ 인 상수이다.) [4점]

① $5+6\sqrt{3}$ ② $6+6\sqrt{3}$ ③ $7+6\sqrt{3}$
④ $6+7\sqrt{3}$ ⑤ $7+7\sqrt{3}$

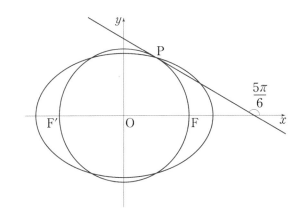

A·32

정답률 93%   Pattern ④4   Thema | 2015.10·B 14번 |

그림과 같이 좌표평면에 x 축 위의 두 점 F, F' 과 점 $P(0, n)(n>0)$이 있다. 삼각형 $PF'F$ 가 $\angle FPF'=\dfrac{\pi}{2}$ 인 직각이등변삼각형일 때, 두 점 F, F' 을 초점으로 하고 점 P 를 지나는 타원과 직선 PF' 이 만나는 점 중 점 P 가 아닌 점을 Q 라 하자. 삼각형 FPQ 의 둘레의 길이가 $12\sqrt{2}$ 일 때, 삼각형 FPQ 의 넓이는? [4점]

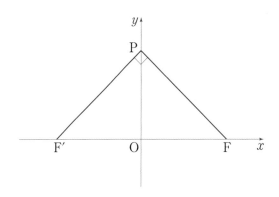

① 11   ② 12   ③ 13   ④ 14   ⑤ 15

A·33

| 2014.10·B 18번 |

정답률 65%   Pattern   4   Thema

중심이 $(0, 3)$이고 반지름의 길이가 5인 원이 x축과 만나는 두 점을 각각 A, B라 하자. 이 원과 타원 $\dfrac{x^2}{25} + \dfrac{y^2}{9} = 1$이 만나는 점 중 한 점을 P라 할 때, $\overline{AP} \times \overline{BP}$ 의 값은? [4점]

① $\dfrac{41}{4}$ ② $\dfrac{21}{2}$ ③ $\dfrac{43}{4}$ ④ 11 ⑤ $\dfrac{45}{4}$

A·34

| 2013.10·B 27번 |

정답률 38%   Pattern   4   Thema

그림과 같이 점 $A(-5, 0)$을 중심으로 하고 반지름의 길이가 r인 원과 타원 $\dfrac{x^2}{25} + \dfrac{y^2}{16} = 1$의 한 교점을 P라 하자. 점 $B(3, 0)$에 대하여 $\overline{PA} + \overline{PB} = 10$일 때, $10r$의 값을 구하시오. [4점]

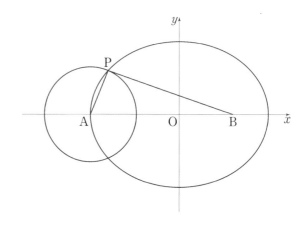

A·35

정답률 91%   Pattern ④4   Thema

| 2013.10·B 16번 |

그림과 같이 한 초점이 F 이고 점근선의 방정식이 $y = 2x$, $y = -2x$ 인 쌍곡선이 있다. 제 1 사분면에 있는 쌍곡선 위의 점 P 에 대하여 선분 PF 의 중점을 M 이라 하자. $\overline{OM} = 6$, $\overline{MF} = 3$ 일 때, 선분 OF 의 길이는? (단, O 는 원점이다.) [4점]

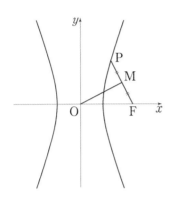

① $2\sqrt{10}$ ② $3\sqrt{5}$ ③ $5\sqrt{2}$ ④ $\sqrt{55}$ ⑤ $2\sqrt{15}$

A·36

정답률 56%   Pattern ④4   Thema

| 2012.7·가 20번 |

그림과 같이 $F(p, 0)$을 초점으로 하는 포물선 $y^2 = 4px$ 와 $F(p, 0)$과 $F'(-p, 0)$을 초점으로 하는 쌍곡선 $\dfrac{x^2}{a^2} - \dfrac{y^2}{b^2} = 1\,(a > 0,\ b > 0)$이 제 1 사분면에서 만나는 점을 A 라 하자. $\overline{AF} = 5$, $\cos(\angle AFF') = -\dfrac{1}{5}$ 일 때, ab 의 값은? [4점]

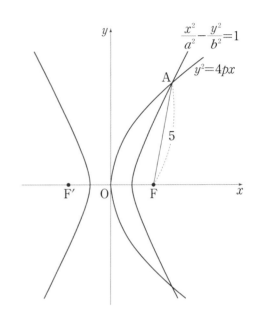

① 1   ② $\sqrt{3}$ ③ $\sqrt{5}$ ④ $\sqrt{7}$ ⑤ 3

A·37

| 2004.10·가 23번 |

그림과 같이 타원 $\dfrac{x^2}{100}+\dfrac{y^2}{36}=1$ 의 장축을 10등분한 후 장축의 양 끝점을 제외하고 각 등분점에서 장축에 수직인 직선을 그어 x 축 윗쪽 부분에 있는 타원과의 교점을 차례로 P_1, P_2, P_3, $\cdots$, P_9 라 하자. 타원의 한 초점을 F 라고 할 때, $\displaystyle\sum_{k=1}^{9}\overline{\mathrm{FP}_k}$ 의 값을 구하시오. [4점]

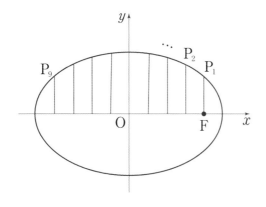

A·38

| 2021.7·기하 28번 |

그림과 같이 좌표평면에서 포물선 $y^2=4x$ 의 초점 F 를 지나고 x 축과 수직인 직선 l_1 이 이 포물선과 만나는 서로 다른 두 점을 각각 A, B 라 하고, 점 F 를 지나고 기울기가 m ($m>0$)인 직선 l_2 가 이 포물선과 만나는 서로 다른 두 점을 각각 C, D 라 하자. 삼각형 FCA 의 넓이가 삼각형 FDB 의 넓이의 5 배일 때, m 의 값은? (단, 두 점 A, C 는 제 1 사분면 위의 점이고, 두 점 B, D 는 제 4 사분면 위의 점이다.) [4점]

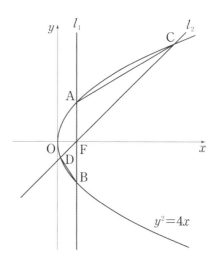

① $\dfrac{\sqrt{3}}{2}$ ② 1 ③ $\dfrac{\sqrt{5}}{2}$ ④ $\dfrac{\sqrt{6}}{2}$ ⑤ $\dfrac{\sqrt{7}}{2}$

A·39

정답률 44%   Pattern ②2   Thema | 2023.4·기하 28번 |

초점이 F 인 포물선 $C : y^2 = 4x$ 위의 점 중 제1사분면에 있는 점 P 가 있다. 선분 PF 를 지름으로 하는 원을 O 라 할 때, 원 O 는 포물선 C 와 서로 다른 두 점에서 만난다. 원 O 가 포물선 C 와 만나는 점 중 P 가 아닌 점을 Q, 점 P 에서 포물선 C 의 준선에 내린 수선의 발을 H 라 하자.

$\angle \mathrm{QHP} = \alpha$, $\angle \mathrm{HPQ} = \beta$ 라 할 때, $\dfrac{\tan\beta}{\tan\alpha} = 3$ 이다.

$\dfrac{\overline{\mathrm{QH}}}{\overline{\mathrm{PQ}}}$ 의 값은? [4점]

① $\dfrac{4\sqrt{6}}{7}$ ② $\dfrac{3\sqrt{11}}{7}$ ③ $\dfrac{\sqrt{102}}{7}$

④ $\dfrac{\sqrt{105}}{7}$ ⑤ $\dfrac{6\sqrt{3}}{7}$

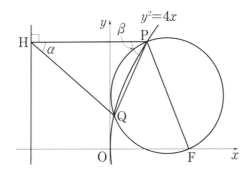

A·40

정답률 61%   Pattern ③3   Thema | 2019.7·가 28번 |

그림과 같이 두 점 F, F′ 을 초점으로 하는 쌍곡선 $\dfrac{x^2}{9} - \dfrac{y^2}{16} = 1$ 의 제1사분면 위의 점을 P 라 하자. 삼각형 PF′F 에 내접하는 원의 반지름의 길이가 3 일 때, 이 원의 중심을 Q 라 하자. 원점 O 에 대하여 $\overline{\mathrm{OQ}}^2$ 의 값을 구하시오. (단, 점 F 의 x 좌표는 양수이다.) [4점]

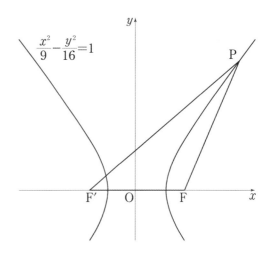

A·41

| 2024.5·기하 29번 |

정답률 28%   Pattern   4   Thema

그림과 같이 초점이 F인 포물선 $y^2 = 8x$와 이 포물선 위의 제1사분면에 있는 점 P가 있다. 점 P를 초점으로 하고 준선이 $x = k$인 포물선 중 점 F를 지나는 포물선을 C라 하자.

포물선 $y^2 = 8x$와 포물선 C가 만나는 두 점을 Q, R이라 할 때, 사각형 PRFQ의 둘레의 길이는 18이다. 삼각형 OFP의 넓이를 S라 할 때, S^2의 값을 구하시오.

(단, k는 점 P의 x좌표보다 크고, O는 원점이다.) [4점]

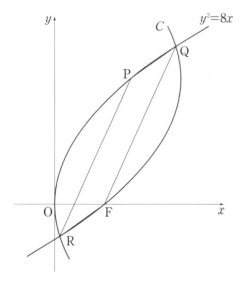

A·42

| 2024.3·기하 29번 |

정답률 14%   Pattern   4   Thema

포물선 $x^2 = ay\,(a > 0)$이 두 포물선

$$C_1 : y^2 = 8x, \quad C_2 : y^2 = -x$$

와 만나는 점 중 원점이 아닌 점을 각각 P, Q라 하고, 두 포물선 C_1, C_2의 초점을 각각 F_1, F_2라 하자. 직선 PQ의 기울기가 $2\sqrt{2}$일 때, $\overline{F_1 P} + \overline{F_2 Q} = \dfrac{q}{p}$이다. $p + q$의 값을 구하시오. (단, p와 q는 서로소인 자연수이다.) [4점]

A·43

Pattern   ④4   Thema

초점이 F 인 포물선 $y^2 = 4px \, (p > 0)$이 점 $(-p, \, 0)$을 지나는 직선과 두 점 A, B 에서 만나고 $\overline{FA} : \overline{FB} = 1 : 3$ 이다. 점 B 에서 x 축에 내린 수선의 발을 H 라 할 때, 삼각형 BFH 의 넓이는 $46\sqrt{3}$ 이다. p^2 의 값을 구하시오. [4점]

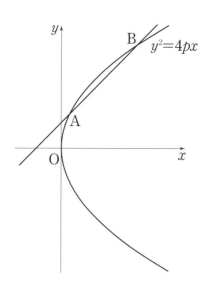

A·44

정답률 35%   Pattern   ④4   Thema   1

그림과 같이 꼭짓점이 원점 O 이고 초점이 F$(p, \, 0)(p > 0)$인 포물선이 있다. 점 F 를 지나고 기울기가 $-\dfrac{4}{3}$ 인 직선이 포물선과 만나는 점 중 제1사분면에 있는 점을 P 라 하자. 직선 FP 위의 점을 중심으로 하는 원 C가 점 P 를 지나고, 포물선의 준선에 접한다. 원 C의 반지름의 길이가 3 일 때, $25p$ 의 값을 구하시오. (단, 원 C의 중심의 x 좌표는 점 P 의 x 좌표보다 작다.) [4점]

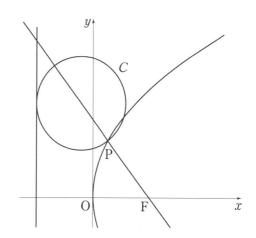

A·45
CHALLENGE   정답률 10%   Pattern   4   Thema | 2022.3·기하 30번 |

그림과 같이 꼭짓점이 A_1이고 초점이 F_1인 포물선 P_1과 꼭짓점이 A_2이고 초점이 F_2인 포물선 P_2가 있다. 두 포물선의 준선은 모두 직선 F_1F_2와 평행하고, 두 선분 A_1A_2, F_1F_2의 중점은 서로 일치한다.

두 포물선 P_1, P_2가 서로 다른 두 점에서 만날 때, 두 점 중에서 점 A_2에 가까운 점을 B라 하자. 포물선 P_1이 선분 F_1F_2와 만나는 점을 C라 할 때, 두 점 B, C가 다음 조건을 만족시킨다.

(가) $\overline{A_1C} = 5\sqrt{5}$

(나) $\overline{F_1B} - \overline{F_2B} = \dfrac{48}{5}$

삼각형 BF_2F_1의 넓이가 S일 때, $10S$의 값을 구하시오. (단, $\angle F_1F_2B < 90°$) [4점]

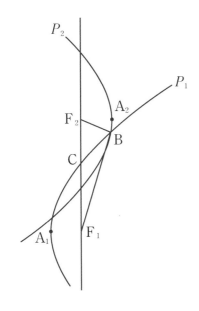

A·46
정답률 62%   Pattern   4   Thema | 2016.7·가 28번 |

두 양수 m, p에 대하여 포물선 $y^2 = 4px$와 직선 $y = m(x-4)$가 만나는 두 점 중 제1사분면 위의 점을 A, 포물선의 준선과 x축이 만나는 점을 B, 직선 $y = m(x-4)$와 y축이 만나는 점을 C라 하자. 삼각형 ABC의 무게중심이 포물선의 초점 F와 일치할 때, $\overline{AF} + \overline{BF}$의 값을 구하시오. [4점]

A·47 정답률 45% Pattern 04 Thema | 2024.10·기하 29번 |

장축의 길이가 8이고 두 초점이 $F(2, 0)$, $F'(-2, 0)$인 타원을 C_1이라 하자. 장축의 길이가 12이고 두 초점이 F, $P(a, 0)(a>2)$인 타원을 C_2라 하자. 두 타원 C_1과 C_2가 만나는 점 중 y좌표가 양수인 점을 Q라 하자. $\overline{F'Q}$, $\overline{FQ}$, $\overline{PQ}$가 이 순서대로 등차수열을 이룰 때, $a = p + q\sqrt{10}$이다. $p^2 + q^2$의 값을 구하시오. (단, p, q는 정수이다.) [4점]

A·48 정답률 15% Pattern 04 Thema | 2024.5·기하 30번 |

그림과 같이 두 초점이 $F(c, 0)$, $F'(-c, 0)(c>0)$인 타원 E_1이 있다. 타원 E_1의 꼭짓점 중 x좌표가 양수인 점을 A라 하고, 두 점 A, F를 초점으로 하고 점 F'을 지나는 타원을 E_2라 하자. 두 타원 E_1, E_2의 교점 중 y좌표가 양수인 점 B에 대하여 $\overline{BF'} - \overline{BA} = \frac{1}{5}\overline{AF'}$이 성립한다. 타원 E_2의 단축의 길이가 $4\sqrt{3}$일 때, $30 \times c^2$의 값을 구하시오. [4점]

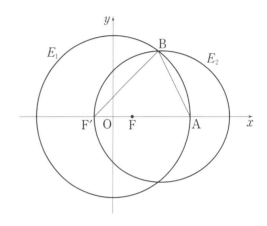

A·49

| 2024.3·기하 28번|

두 초점이 $F(c, 0)$, $F'(-c, 0)(c > 0)$이고 장축의 길이가 18인 타원을 C_1이라 하자. 점 F를 지나고 x축에 수직인 직선이 타원 C_1과 제1사분면에서 만나는 점을 A라 하고, 두 초점이 F, A이고 점 $P(9, 0)$을 지나는 타원을 C_2라 하자. 두 타원 C_1과 C_2가 만나는 점 중 점 P가 아닌 점을 Q라 하자. $\cos(\angle FF'A) = \dfrac{12}{13}$일 때, $\overline{F'Q} - \overline{AQ}$의 값은? [4점]

① $14 - \sqrt{34}$ ② $20 - 2\sqrt{34}$ ③ $15 - \sqrt{34}$
④ $21 - 2\sqrt{34}$ ⑤ $15 - \sqrt{34}$

A·50

| 2023.3·기하 28번|

장축의 길이가 6이고 두 초점이 $F(c, 0)$, $F'(-c, 0)$ $(c > 0)$인 타원을 C_1이라 하자. 장축의 길이가 6이고 두 초점이 $A(3, 0)$, $F'(-c, 0)$인 타원을 C_2라 하자. 두 타원 C_1과 C_2가 만나는 점 중 제1사분면에 있는 점 P에 대하여 $\cos(\angle AFP) = \dfrac{3}{8}$일 때, 삼각형 PFA의 둘레의 길이는? [4점]

① $\dfrac{11}{6}$ ② $\dfrac{11}{5}$ ③ $\dfrac{11}{4}$ ④ $\dfrac{11}{3}$ ⑤ $\dfrac{11}{2}$

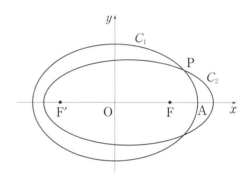

A·51

해설 Thema ⑥ 학습
정답률 65%   Pattern ④   Thema ⑥

그림과 같이 $F(6, 0)$, $F'(-6, 0)$을 두 초점으로 하는 타원 $\dfrac{x^2}{a^2} + \dfrac{y^2}{b^2} = 1$ 이 있다. 점 $A\left(\dfrac{3}{2}, 0\right)$에 대하여 $\angle FPA = \angle F'PA$ 를 만족시키는 타원의 제1사분면 위의 점을 P 라 할 때, 점 F 에서 직선 AP 에 내린 수선의 발을 B 라 하자. $\overline{OB} = \sqrt{3}$ 일 때, $a \times b$ 의 값은? (단, $a > 0$, $b > 0$ 이고 O 는 원점이다.) [4점]

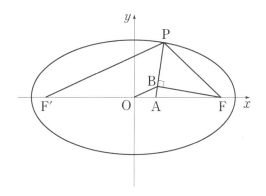

① 16   ② 20   ③ 24   ④ 28   ⑤ 32

A·52

정답률 52%   Pattern ④   Thema ⑥

그림과 같이 두 점 $F(c, 0)$, $F'(-c, 0)$을 초점으로 하는 타원이 있다. 타원 위의 점 중 제1사분면에 있는 점 P 에 대하여 직선 PF 가 타원과 만나는 점 중 점 P 가 아닌 점을 Q 라 하자. $\overline{OQ} = \overline{OF}$, $\overline{FQ} : \overline{F'Q} = 1 : 4$ 이고 삼각형 PF'Q 의 내접원의 반지름의 길이가 2 일 때, 양수 c 의 값은? (단, O 는 원점이다.) [4점]

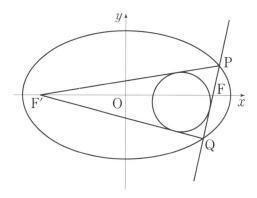

① $\dfrac{17}{3}$ ② $\dfrac{7\sqrt{17}}{5}$ ③ $\dfrac{3\sqrt{17}}{2}$

④ $\dfrac{51}{8}$ ⑤ $\dfrac{8\sqrt{17}}{5}$

A·53

그림과 같이 타원 $\dfrac{x^2}{a^2}+\dfrac{y^2}{b^2}=1$ 의 두 초점 F, F′ 에 대하여 선분 FF′ 을 지름으로 하는 원을 C 라 하자. 원 C 가 타원과 제1사분면에서 만나는 점을 P 라 하고, 원 C 가 y 축과 만나는 점 중 y 좌표가 양수인 점을 Q 라 하자. 두 직선 F′P, QF 가 이루는 예각의 크기를 θ 라 하자. $\cos\theta=\dfrac{3}{5}$ 일 때,

$\dfrac{b^2}{a^2}$ 의 값은? (단, a, b 는 $a>b>0$ 인 상수이고, 점 F 의 x 좌표는 양수이다.) [4점]

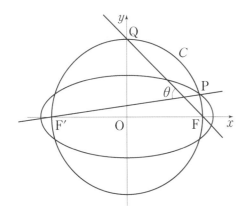

① $\dfrac{11}{64}$ ② $\dfrac{3}{16}$ ③ $\dfrac{13}{64}$ ④ $\dfrac{7}{32}$ ⑤ $\dfrac{15}{64}$

A·54

그림과 같이 두 초점이 F$(c,\,0)$, F′$(-c,\,0)\,(c>0)$인 타원 $\dfrac{x^2}{16}+\dfrac{y^2}{7}=1$ 위의 점 P 에 대하여 직선 FP 와 직선 F′P 에 동시에 접하고 중심이 선분 F′F 위에 있는 원 C 가 있다. 원 C 의 중심을 C, 직선 F′P 가 원 C 와 만나는 점을 Q 라 할 때, $2\overline{PQ}=\overline{PF}$ 이다. $24\times\overline{CP}$ 의 값을 구하시오. (단, 점 P 는 제1사분면 위의 점이다.) [4점]

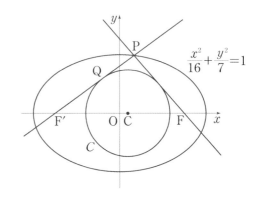

A·55   ▮▮▮▮ ▮ | 2018.7·가 28번 |
정답률 67%   Pattern ○4   Thema

그림과 같이 타원 $\dfrac{x^2}{a^2}+\dfrac{y^2}{b^2}=1\,(a>b>0)$의 두 초점을 F$(c,\,0)$, F$'(-c,\,0)\,(c>0)$이라 하고 점 F$'$을 지나는 직선이 타원과 만나는 두 점을 P, Q라 하자. $\overline{PQ}=6$이고 선분 FQ의 중점 M에 대하여 $\overline{FM}=\overline{PM}=5$일 때, 이 타원의 단축의 길이를 구하시오. [4점]

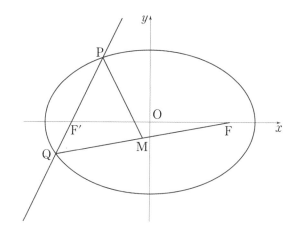

A·56   ▮▮▮▮ ▮ | 2024.7·기하 28번 |
정답률 75%   Pattern ○4   Thema

두 양수 $a,\,c$에 대하여 두 점 F$(c,\,0)$, F$'(-c,\,0)$을 초점으로 하는 쌍곡선 $\dfrac{x^2}{a^2}-\dfrac{y^2}{3}=1$이 있다. 두 직선 PF, PF$'$이 서로 수직이 되도록 하는 이 쌍곡선 위의 점 중 제1사분면 위의 점을 P, $\overline{PQ}=\dfrac{a}{3}$인 선분 PF$'$ 위의 점을 Q라 하자. 직선 QF와 y축이 만나는 점을 A라 할 때, 점 A에서 두 직선 PF, PF$'$에 내린 수선의 발을 각각 R, S라 하자. $\overline{AR}=\overline{AS}$일 때, a^2의 값은? [4점]

① $\dfrac{18}{5}$ ② 4 ③ $\dfrac{22}{5}$ ④ $\dfrac{24}{5}$ ⑤ $\dfrac{26}{5}$

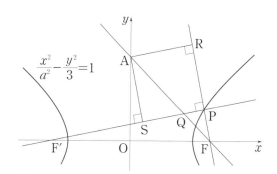

A·57

그림과 같이 두 점 $F(c, 0)$, $F'(-c, 0)$ $(c > 0)$을 초점으로 하고 주축의 길이가 6인 쌍곡선이 있다. 이 쌍곡선이 선분 FF'을 지름으로 하는 원과 제 1 사분면에서 만나는 점을 P 라 하자. 선분 $F'P$ 가 쌍곡선과 만나는 점 중 점 P 가 아닌 점을 Q 라 하고, 선분 FQ 가 쌍곡선과 만나는 점 중 점 Q 가 아닌 점을 R 이라 하자. 점 Q 가 선분 $F'P$ 를 $1:2$로 내분할 때, 삼각형 $QF'R$ 의 넓이를 S라 하자. $20S$의 값을 구하시오.

[4점]

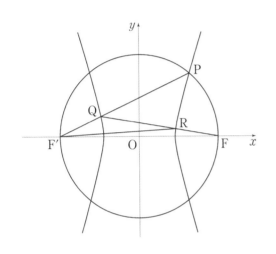

A·58

두 초점이 $F(c, 0)$, $F'(-c, 0)$ $(c > 0)$인 쌍곡선 $\dfrac{x^2}{a^2} - \dfrac{y^2}{b^2} = 1$ 과 점 $A(0, 6)$ 을 중심으로 하고 두 초점을 지나는 원이 있다. 원과 쌍곡선이 만나는 점 중 제 1 사분면에 있는 점 P 와 두 직선 PF', AF 가 만나는 점 Q 가

$$\overline{PF} : \overline{PF'} = 3 : 4, \quad \angle F'QF = \frac{\pi}{2}$$

를 만족시킬 때, $b^2 - a^2$ 의 값은? (단, a, b 는 양수이고, 점 Q 는 제 2 사분면에 있다.) [4점]

① 30   ② 35   ③ 40   ④ 45   ⑤ 50

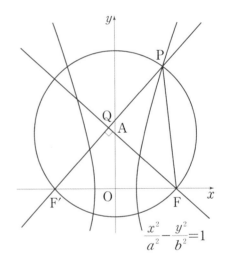

$$\frac{x^2}{a^2} - \frac{y^2}{b^2} = 1$$

A·59

정답률 27%

Pattern ④ Thema

두 점 F, F'을 초점으로 하는 쌍곡선 $\dfrac{x^2}{4} - \dfrac{y^2}{32} = 1$ 위의 점 A 가 다음 조건을 만족시킨다.

> (가) $\overline{AF} < \overline{AF'}$
> (나) 선분 AF 의 수직이등분선은 점 F' 을 지난다.

선분 AF 의 중점 M 에 대하여 직선 MF' 과 쌍곡선의 교점 중 점 A 에 가까운 점을 B 라 할 때, 삼각형 BFM 의 둘레의 길이는 k 이다. k^2 의 값을 구하시오. [4점]

A·60

정답률 35%

Pattern ④ Thema ⑥

그림과 같이 두 초점이 F, F' 인 쌍곡선 $x^2 - \dfrac{y^2}{16} = 1$ 이 있다. 쌍곡선 위에 있고 제 1 사분면에 있는 점 P 에 대하여 점 F 에서 선분 PF' 에 내린 수선의 발을 Q 라 하고, $\angle FQP$ 의 이등분선이 선분 PF 와 만나는 점을 R 라 하자. $4\overline{PR} = 3\overline{RF}$ 일 때, 삼각형 $PF'F$ 의 넓이를 구하시오. (단, 점 F 의 x 좌표는 양수이고, $\angle F'PF < 90°$ 이다.) [4점]

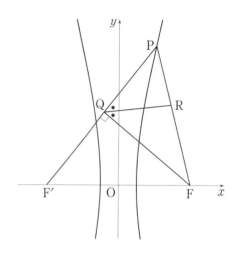

A·61

그림과 같이 두 초점이 $F(c, 0)$, $F'(-c, 0)(c>0)$이고, 주축의 길이가 6인 쌍곡선 $\dfrac{x^2}{a^2} - \dfrac{y^2}{b^2} = 1$과 점 $A(0, 5)$를 중심으로 하고 반지름의 길이가 1인 원 C가 있다. 제1사분면에 있는 쌍곡선 위를 움직이는 점 P와 원 C 위를 움직이는 점 Q에 대하여 $\overline{PQ} + \overline{PF'}$의 최솟값이 12일 때, $a^2 + 3b^2$의 값을 구하시오. (단, a와 b는 상수이다.) [4점]

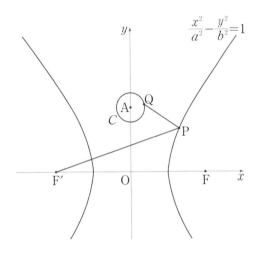

A·62

그림과 같이 두 점 $F(c, 0)$, $F'(-c, 0)(c>0)$을 초점으로 하는 타원 $\dfrac{x^2}{81} + \dfrac{y^2}{75} = 1$과 두 점 F, F'을 초점으로 하는 쌍곡선 $\dfrac{x^2}{a^2} - \dfrac{y^2}{b^2} = 1$이 있다. 타원과 쌍곡선이 만나는 점 중 제1사분면 위의 점을 P라 하고, 선분 F'P가 쌍곡선과 만나는 점 중 P가 아닌 점을 Q라 하자. 두 점 P, Q가 다음 조건을 만족시킬 때, 점 P의 x좌표는? (단, a와 b는 양수이다.) [4점]

(가) $\overline{PQ} = \overline{PF}$
(나) 삼각형 PQF의 둘레의 길이는 20이다.

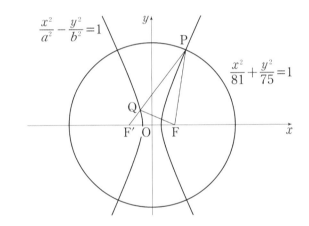

① $\sqrt{13}$ ② $\dfrac{3\sqrt{6}}{2}$ ③ $\sqrt{14}$ ④ $\dfrac{\sqrt{58}}{2}$ ⑤ $\sqrt{15}$

A·63

| 2022.사관·기하 29번 |

Pattern 04 Thema

그림과 같이 포물선 $y^2 = 16x$ 의 초점을 F 라 하자. 점 F 를 한 초점으로 하고 점 $A(-2, 0)$ 을 지나며 다른 초점 F′ 이 선분 AF 위에 있는 타원 E 가 있다. 포물선 $y^2 = 16x$ 가 타원 E 와 제1사분면에서 만나는 점을 B 라 하자. $\overline{BF} = \dfrac{21}{5}$ 일 때, 타원 E 의 장축의 길이는 k 이다. $10k$ 의 값을 구하시오. [4점]

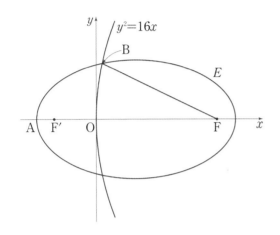

A·64

| 2021.3·기하 29번 |

정답률 52%   Pattern 04 Thema

두 초점이 $F_1(c, 0)$, $F_2(-c, 0)$ $(c > 0)$ 인 타원이 x 축과 두 점 $A(3, 0)$, $B(-3, 0)$ 에서 만난다. 선분 BO 가 주축이고 점 F_1 이 한 초점인 쌍곡선의 초점 중 F_1 이 아닌 점을 F_3 이라 하자. 쌍곡선이 타원과 제1사분면에서 만나는 점을 P 라 할 때, 삼각형 PF_3F_2 의 둘레의 길이를 구하시오. (단, O 는 원점이다.) [4점]

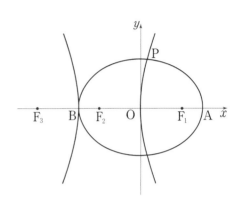

A·65
CHALLENGE   정답률 15%   Pattern   4   Thema

그림과 같이 두 초점이 $F(c, 0)$, $F'(-c, 0)(c>0)$인 타원 C가 있다. 타원 C가 두 직선 $x=c$, $x=-c$와 만나는 점 중 y좌표가 양수인 점을 각각 A, B라 하자. 두 초점이 A, B이고 점 F를 지나는 쌍곡선이 직선 $x=c$와 만나는 점 중 F가 아닌 점을 P라 하고, 이 쌍곡선이 두 직선 BF, BP와 만나는 점 중 x좌표가 음수인 점을 각각 Q, R라 하자. 세 점 P, Q, R가 다음 조건을 만족시킨다.

(가) 삼각형 BFP는 정삼각형이다.
(나) 타원 C의 장축의 길이와 삼각형 BQR의 둘레의 길이의 차는 3이다.

$60 \times \overline{AF}$의 값을 구하시오. [4점]

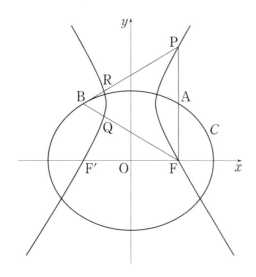

A·66
정답률 30%   Pattern   4   Thema   6

그림과 같이 두 초점이 $F(c, 0)$, $F'(-c, 0)(c>0)$이고 장축의 길이가 12인 타원이 있다. 점 F가 초점이고 직선 $x=-k(k>0)$이 준선인 포물선이 타원과 제2사분면의 점 P에서 만난다. 점 P에서 직선 $x=-k$에 내린 수선의 발을 Q라 할 때, 두 점 P, Q가 다음 조건을 만족시킨다.

(가) $\cos(\angle F'FP) = \dfrac{7}{8}$
(나) $\overline{FP} - \overline{F'Q} = \overline{PQ} - \overline{FF'}$

$c+k$의 값을 구하시오. [4점]

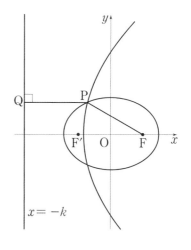

1. 이차곡선

B·01

해설 Thema 4 학습 | 2020.사관·가 13번|
Pattern 5 | Thema 4

쌍곡선 $\dfrac{x^2}{4} - y^2 = 1$의 꼭짓점 중 x좌표가 음수인 점을 중심으로 하는 원 C가 있다. 점 $(3, 0)$을 지나고 원 C에 접하는 두 직선이 각각 쌍곡선 $\dfrac{x^2}{4} - y^2 = 1$과 한 점에서만 만날 때, 원 C의 반지름의 길이는? [3점]

① 2   ② $\sqrt{5}$ ③ $\sqrt{6}$ ④ $\sqrt{7}$ ⑤ $2\sqrt{2}$

B·02

해설 Thema 5 학습 | 2019.10·가 25번|
정답률 69%
Pattern 5 | Thema 5

점 $A(6, 4)$에서 타원 $\dfrac{x^2}{12} + \dfrac{y^2}{16} = 1$에 그은 두 접선의 접점을 각각 B, C라 할 때, 삼각형 ABC의 넓이를 구하시오. [3점]

B·03   정답률 54%   Pattern ⑤   Thema | 2018.10·가 10번 |

직선 $y = mx$ 가 두 쌍곡선 $x^2 - y^2 = 1$, $\dfrac{x^2}{4} - \dfrac{y^2}{64} = -1$ 중 어느 것과도 만나지 않도록 하는 정수 m 의 개수는? [3점]

① 2   ② 4   ③ 6   ④ 8   ⑤ 10

B·04   정답률 85%   해설 Thema ⑬ 학습   Pattern ⑤   Thema ⑬ | 2018.7·가 12번 |

포물선 $y^2 = 4(x-1)$ 위의 점 P 는 제 1 사분면 위의 점이고 초점 F 에 대하여 $\overline{PF} = 3$ 이다. 포물선 위의 점 P 에서의 접선의 기울기는? [3점]

① $\dfrac{\sqrt{2}}{4}$ ② $\dfrac{3\sqrt{2}}{8}$ ③ $\dfrac{\sqrt{2}}{2}$

④ $\dfrac{5\sqrt{2}}{8}$ ⑤ $\dfrac{3\sqrt{2}}{4}$

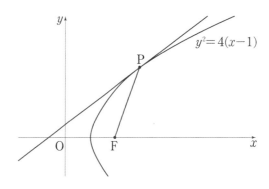

B·01 해설·42p

B·05

| 2024.사관·기하 27번 |

두 점 $F(2, 0)$, $F'(-2, 0)$을 초점으로 하고 장축의 길이가 12인 타원과 점 F를 초점으로 하고 직선 $x = -2$를 준선으로 하는 포물선이 제1사분면에서 만나는 점을 A라 하자. 타원 위의 점 P에 대하여 삼각형 APF의 넓이의 최댓값은? (단, 점 P는 직선 AF 위의 점이 아니다.) [3점]

① $\sqrt{6} + 3\sqrt{14}$

② $2\sqrt{6} + 3\sqrt{14}$

③ $2\sqrt{6} + 4\sqrt{14}$

④ $2\sqrt{6} + 5\sqrt{14}$

⑤ $3\sqrt{6} + 5\sqrt{14}$

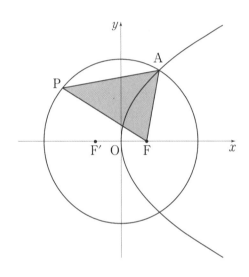

B·06

정답률 72%

| 2023.10·기하 28번 |

그림과 같이 두 초점이 $F(c, 0)$, $F'(-c, 0)$ $(c > 0)$인 타원 $\dfrac{x^2}{a^2} + \dfrac{y^2}{18} = 1$이 있다. 타원 위의 점 중 제2사분면에 있는 점 P에서의 접선이 x축, y축과 만나는 점을 각각 Q, R이라 하자. 삼각형 $RF'F$가 정삼각형이고 점 F'은 선분 QF의 중점일 때, c^2의 값은? (단, a는 양수이다.) [4점]

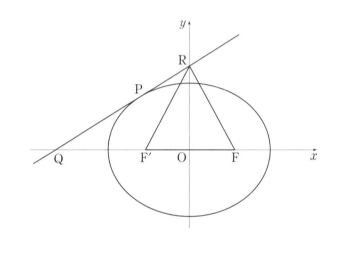

① 7   ② 8   ③ 9   ④ 10   ⑤ 11

B·07

정답률 58%   Pattern ⑤   Thema ③

| 2021.4·기하 28번 |

좌표평면에서 두 점 $F\left(\dfrac{9}{4},\,0\right)$, $F'(-c,\,0)\,(c>0)$을 초점으로 하는 타원과 포물선 $y^2=9x$ 가 제1사분면에서 만나는 점을 P 라 하자. $\overline{PF}=\dfrac{25}{4}$ 이고 포물선 $y^2=9x$ 위의 점 P 에서의 접선이 점 F' 을 지날 때, 타원의 단축의 길이는? [4점]

① 13　　② $\dfrac{27}{2}$　　③ 14　　④ $\dfrac{29}{2}$　　⑤ 15

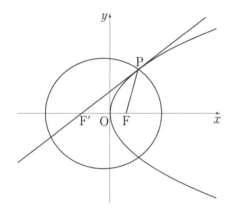

B·08

정답률 71%   Pattern ⑤   Thema ③

| 2018.4·가 18번 |

그림과 같이 포물선 $y^2=16x$ 에 대하여 포물선의 준선 위의 한 점 A 가 제3사분면에 있다. 점 A 에서 포물선에 그은 기울기가 양수인 접선과 포물선이 만나는 점을 B, 점 B 에서 준선에 내린 수선의 발을 H, 준선과 x 축이 만나는 점을 C 라 하자. $\overline{AC}\times\overline{CH}=8$ 일 때, 삼각형 ABH 의 넓이는? [4점]

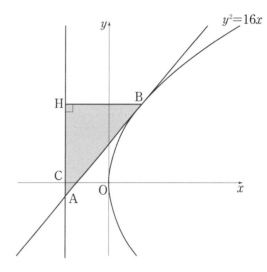

① $15\sqrt{3}$　　② $\dfrac{46}{3}\sqrt{3}$　　③ $\dfrac{47}{3}\sqrt{3}$

④ $16\sqrt{3}$　　⑤ $\dfrac{49}{3}\sqrt{3}$

B·09

정답률 72% Pattern 5 Thema 3

| 2017.7·가 28번 |

그림과 같이 초점이 F인 포물선 $y^2 = 12x$ 가 있다. 포물선 위에 있고 제1사분면에 있는 점 A에서의 접선과 포물선의 준선이 만나는 점을 B라 하자. $\overline{AB} = 2\overline{AF}$ 일 때, $\overline{AB} \times \overline{AF}$ 의 값을 구하시오. [4점]

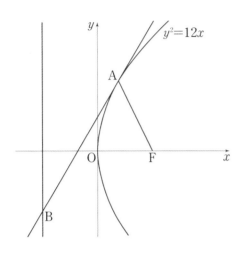

B·10

정답률 84% Pattern 5 Thema

| 2017.4·가 19번 |

좌표평면에서 쌍곡선 $\dfrac{x^2}{a^2} - \dfrac{y^2}{b^2} = 1$ 의 점근선의 방정식이

$y = \pm \dfrac{\sqrt{3}}{3}x$ 이고 한 초점이 $F(4\sqrt{3}, 0)$ 이다. 점 F를 지나고 x축에 수직인 직선이 이 쌍곡선과 제1사분면에서 만나는 점을 P라 하자. 쌍곡선 위의 점 P에서의 접선의 기울기는? (단, a, b는 상수이다.) [4점]

① $\dfrac{2\sqrt{3}}{3}$ ② $\sqrt{3}$ ③ $\dfrac{4\sqrt{3}}{3}$ ④ $\dfrac{5\sqrt{3}}{3}$ ⑤ $2\sqrt{3}$

B·11

정답률 74% | Pattern ⑤ | Thema | |2014.7·B 20번|

그림과 같이 두 초점이 F, F′인 타원 $3x^2 + 4y^2 = 12$ 위를 움직이는 제1사분면 위의 점 P에서의 접선 l이 x축과 만나는 점을 Q, 점 P에서 접선 l과 수직인 직선을 그어 x축과 만나는 점을 R라 하자. 세 삼각형 PRF, PF′R, PFQ의 넓이가 이 순서대로 등차수열을 이룰 때, 점 P의 x좌표는?

[4점]

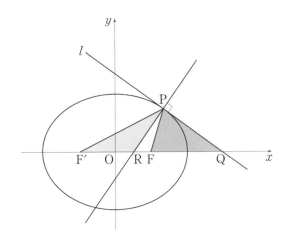

① $\dfrac{13}{12}$ ② $\dfrac{7}{6}$ ③ $\dfrac{5}{4}$ ④ $\dfrac{4}{3}$ ⑤ $\dfrac{17}{12}$

B·12

정답률 58% | Pattern ⑤ | Thema ③ | |2011.7·가 25번|

그림과 같이 포물선 $y^2 = 4px$의 초점을 F라 하고, $\overline{\mathrm{FA}} = 10$을 만족하는 포물선 위의 점 $\mathrm{A}(a, b)$에서의 접선이 x축과 만나는 점을 B라 하자. 삼각형 ABF의 넓이가 40일 때, ab의 값을 구하시오. (단, $a < p$이다.) [4점]

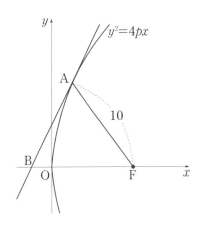

B·13

| 2023.4·기하 29번 |

정답률 20%   Pattern   5   Thema

그림과 같이 두 초점이 $F(c, 0)$, $F'(-c, 0)(c > 0)$인 쌍곡선 $\dfrac{x^2}{a^2} - \dfrac{y^2}{27} = 1$ 위의 점 $P\left(\dfrac{9}{2}, k\right)(k > 0)$에서의 접선이 x축과 만나는 점을 Q라 하자. 두 점 F, F'을 초점으로 하고 점 Q를 한 꼭짓점으로 하는 쌍곡선이 선분 PF'과 만나는 두 점을 R, S라 하자.

$\overline{RS} + \overline{SF} = \overline{RF} + 8$일 때, $4 \times (a^2 + k^2)$의 값을 구하시오. (단, a는 양수이고, 점 R의 x좌표는 점 S의 x좌표보다 크다.) [4점]

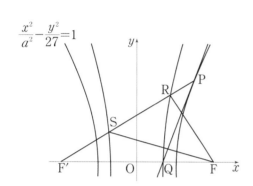

B·14

| 2022.10·기하 29번 |

정답률 25%   Pattern   5   Thema

두 점 $F_1(4, 0)$, $F_2(-6, 0)$에 대하여 포물선 $y^2 = 16x$ 위의 점 중 제1사분면에 있는 점 P가 $\overline{PF_2} - \overline{PF_1} = 6$을 만족시킨다. 포물선 $y^2 = 16x$ 위의 점 P에서의 접선이 x축과 만나는 점을 F_3이라 하면 두 점 F_1, F_3을 초점으로 하는 타원의 한 꼭짓점은 선분 PF_3 위에 있다. 이 타원의 장축의 길이가 $2a$일 때, a^2의 값을 구하시오. [4점]

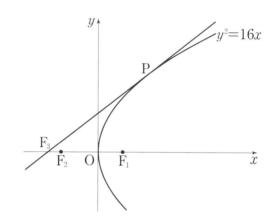

B·15 정답률 18%   Pattern 5 Thema |2022.4·기하 29번|

초점이 F 인 포물선 $y^2 = 4px\,(p > 0)$에 대하여 이 포물선 위의 점 중 제1사분면에 있는 점 P 에서의 접선이 직선 $x = -p$와 만나는 점을 Q 라 하고, 점 Q 를 지나고 직선 $x = -p$에 수직인 직선이 포물선과 만나는 점을 R 라 하자. $\angle PRQ = \dfrac{\pi}{2}$ 일 때, 사각형 PQRF 의 둘레의 길이가 140 이 되도록 하는 상수 p 의 값을 구하시오. [4점]

B·16 CHALLENGE 정답률 17%   Pattern 5 Thema |2022.4·기하 30번|

그림과 같이 두 점 $F(c, 0)$, $F'(-c, 0)(c > 0)$을 초점으로 하는 쌍곡선 $\dfrac{x^2}{10} - \dfrac{y^2}{a^2} = 1$ 이 있다. 쌍곡선 위의 점 중 제2사분면에 있는 점 P 에 대하여 삼각형 $F'FP$ 는 넓이가 15 이고 $\angle F'PF = \dfrac{\pi}{2}$ 인 직각삼각형이다. 직선 PF'과 평행하고 쌍곡선에 접하는 두 직선을 각각 l_1, l_2 라 하자. 두 직선 l_1, l_2 가 x 축과 만나는 점을 각각 Q_1, Q_2 라 할 때, $\overline{Q_1 Q_2} = \dfrac{q}{p}\sqrt{3}$ 이다. $p + q$ 의 값을 구하시오. (단, p 와 q 는 서로소인 자연수이고, a 는 양수이다.) [4점]

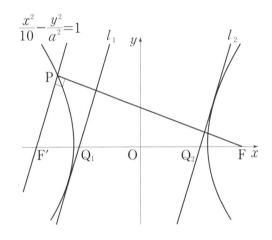

B·17

| 2016.4·가 21번 |

정답률 54%   Pattern   5   Thema

닫힌구간 $[-2, 2]$ 에서 정의된 함수 $f(x)$ 는

$$f(x) = \begin{cases} x+2 & (-2 \leq x \leq 0) \\ -x+2 & (0 < x \leq 2) \end{cases}$$

이다. 좌표평면에서 $k > 1$ 인 실수 k 에 대하여 함수 $y = f(x)$ 의 그래프와 타원 $\dfrac{x^2}{k^2} + y^2 = 1$ 이 만나는 서로 다른 점의 개수를 $g(k)$ 라 하자. 함수 $g(k)$ 가 불연속이 되는 모든 k 의 값들의 제곱의 합은? [4점]

① 6   ② $\dfrac{25}{4}$ ③ $\dfrac{13}{2}$ ④ $\dfrac{27}{4}$ ⑤ 7

2. 평면벡터

C·01
정답률 81%

| 2016.7·가 13번 |

함수 $f(x) = \dfrac{1}{x^2 + x}$ 의 그래프는 그림과 같다.

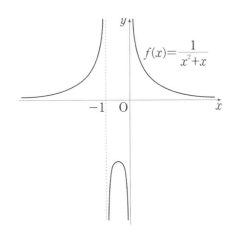

$f(x) = \dfrac{1}{x^2 + x}$

함수 $y = f(x)$ 의 그래프 위의 두 점 $P(1, f(1))$, $Q\left(-\dfrac{1}{2}, f\left(-\dfrac{1}{2}\right)\right)$을 지나는 직선의 방향벡터 중 크기가 $\sqrt{10}$ 인 벡터를 $\vec{u} = (a, b)$ 라 하자. $|a - b|$ 의 값은? [3점]

① 1   ② 2   ③ 3   ④ 4   ⑤ 5

C·02
정답률 74%

| 2023.10·기하 27번 |

사각형 $ABCD$ 가 다음 조건을 만족시킨다.

> (가) 두 벡터 $\overrightarrow{AD}$, $\overrightarrow{BC}$ 는 서로 평행하다.
>
> (나) $t\overrightarrow{AC} = 3\overrightarrow{AB} + 2\overrightarrow{AD}$ 를 만족시키는 실수 t 가 존재한다.

삼각형 ABD 의 넓이가 12 일 때, 사각형 $ABCD$ 의 넓이는? [3점]

① 16   ② 17   ③ 18   ④ 19   ⑤ 20

C·03

Pattern   07   Thema

그림과 같이 한 변의 길이가 4인 정삼각형 ABC에 대하여 점 A를 지나고 직선 BC에 평행한 직선을 l이라 할 때, 세 직선 AC, BC, l에 모두 접하는 원을 O라 하자. 원 O 위의 점 P에 대하여 $|\overrightarrow{AC}+\overrightarrow{BP}|$의 최댓값을 M, 최솟값을 m이라 할 때, Mm의 값은? (단, 원 O의 중심은 삼각형 ABC의 외부에 있다.) [3점]

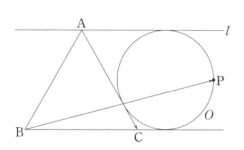

① 46   ② 47   ③ 48   ④ 49   ⑤ 50

C·04

정답률 88%   Pattern   07   Thema

타원 $\dfrac{x^2}{9}+\dfrac{y^2}{5}=1$ 위의 점 P와 두 초점 F, F$'$에 대하여 $|\overrightarrow{PF}+\overrightarrow{PF'}|$의 최댓값은? [3점]

① 5   ② 6   ③ 7   ④ 8   ⑤ 9

C·05

| 2016.10·가 18번 |

정답률 76%   Pattern   7   Thema

$\overline{AB}=8$, $\overline{BC}=6$인 직사각형 ABCD에 대하여 네 선분 AB, CD, DA, BD의 중점을 각각 E, F, G, H라 하자. 선분 CF를 지름으로 하는 원 위의 점 P에 대하여 $|\overrightarrow{EG}+\overrightarrow{HP}|$의 최댓값은? [4점]

① 8   ② $2+2\sqrt{10}$ ③ $2+2\sqrt{11}$

④ $2+4\sqrt{3}$ ⑤ $2+2\sqrt{13}$

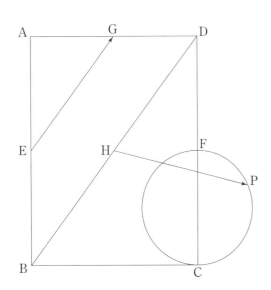

C·06

| 2014.사관·B 15번 |

Pattern   7   Thema

그림과 같이 반지름의 길이가 2이고 중심각의 크기가 $\frac{\pi}{3}$인 부채꼴 OAB에서 선분 OA의 중점을 M이라 하자. 점 P는 두 선분 OM과 BM 위를 움직이고, 점 Q는 호 AB 위를 움직인다. $\overrightarrow{OR}=\overrightarrow{OP}+\overrightarrow{OQ}$를 만족시키는 점 R가 나타내는 영역 전체의 넓이는? [4점]

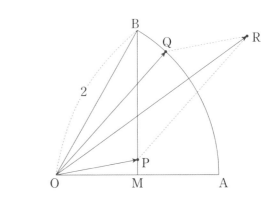

① $\sqrt{3}$ ② 2   ③ $2\sqrt{3}$ ④ 4   ⑤ $3\sqrt{3}$

C·07
CHALLENGE   정답률 17%   Pattern 06   Thema 03 | 2023.4·기하 30번 |

좌표평면에서 포물선 $y^2 = 2x - 2$ 의 꼭짓점을 A 라 하자. 이 포물선 위를 움직이는 점 P 와 양의 실수 k 에 대하여

$$\overrightarrow{OX} = \overrightarrow{OA} + \frac{k}{|\overrightarrow{OP}|}\overrightarrow{OP}$$

를 만족시키는 점 X 가 나타내는 도형을 C 라 하자.

도형 C 가 포물선 $y^2 = 2x - 2$ 와 서로 다른 두 점에서 만나도록 하는 실수 k 의 최솟값을 m 이라 할 때, m^2 의 값을 구하시오. (단, O 는 원점이다.) [4점]

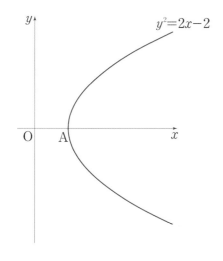

C·08
정답률 35%   Pattern 07   Thema | 2024.5·기하 28번 |

서로 평행한 두 직선 l_1, l_2 가 있다. 직선 l_1 위의 점 A 에 대하여 점 A 와 직선 l_2 사이의 거리는 d 이다. 직선 l_2 위의 점 B 에 대하여 $|\overrightarrow{AB}| = 5$ 이고, 직선 l_1 위의 점 C, 직선 l_2 위의 점 D 에 대하여 $|4\overrightarrow{AB} - \overrightarrow{CD}|$ 의 최솟값은 12 이다. $|4\overrightarrow{AB} - \overrightarrow{CD}|$ 의 값이 최소일 때의 벡터 $\overrightarrow{CD}$ 의 크기를 k 라 할 때, $d \times k$ 의 값은? (단, d 는 $d \leq 5$ 인 상수이다.) [4점]

① $16\sqrt{7}$ ② $32\sqrt{2}$ ③ 48   ④ $16\sqrt{10}$ ⑤ $16\sqrt{11}$

C·09
CHALLENGE   정답률 13%   Pattern 7   Thema

| 2021.4·기하 29번 |

좌표평면 위에 네 점 $A(-2, 0)$, $B(1, 0)$, $C(2, 1)$, $D(0, 1)$ 이 있다. 반원의 호 $(x+1)^2 + y^2 = 1 (0 \leq y \leq 1)$ 위를 움직이는 점 P 와 삼각형 BCD 위를 움직이는 점 Q 에 대하여 $|\overrightarrow{OP} + \overrightarrow{AQ}|$ 의 최댓값을 M, 최솟값을 m 이라 하자. $M^2 + m^2 = p + 2\sqrt{q}$ 일 때, $p \times q$ 의 값을 구하시오. (단, O 는 원점이고, p 와 q 는 유리수이다.) [4점]

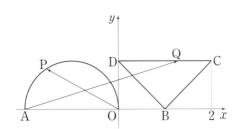

C·10
정답률 47%   Pattern 7   Thema

| 2013.10·B 21번 |

그림과 같이 평면 위에 반지름의 길이가 1 인 네 개의 원 C_1, C_2, C_3, C_4 가 서로 외접하고 있고, 두 원 C_1, C_2 의 접점을 A 라 하자. 원 C_3 위를 움직이는 점 P 와 원 C_4 위를 움직이는 점 Q 에 대하여 $|\overrightarrow{AP} + \overrightarrow{AQ}|$ 의 최댓값은? [4점]

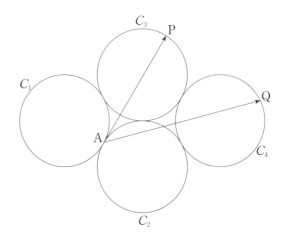

① $4\sqrt{3} - \sqrt{2}$ ② 6 ③ $3\sqrt{3} + 1$

④ $3\sqrt{3} + \sqrt{2}$ ⑤ 7

2. 평면벡터

D·01

| 2025.사관·기하 27번 |

그림과 같이 $\overline{AB}=9$, $\overline{BC}=8$, $\overline{CA}=7$인 삼각형 ABC가 있다. 점 C에서 선분 AB에 내린 수선의 발을 P, 점 B에서 선분 AC에 내린 수선의 발을 Q라 하자. 두 선분 CP, BQ의 교점을 R이라 할 때, $\overrightarrow{AR} \cdot (\overrightarrow{AB} + \overrightarrow{AC})$의 값은?

[3점]

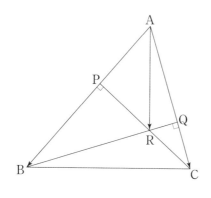

① 62　　② 64　　③ 66　　④ 68　　⑤ 70

D·02

| 2018.10·가 11번 |

평면 위에 길이가 1인 선분 AB와 점 C가 있다. $\overrightarrow{AB} \cdot \overrightarrow{BC} = 0$이고 $|\overrightarrow{AB} + \overrightarrow{AC}| = 4$일 때, $|\overrightarrow{BC}|$의 값은?

[3점]

① 2　　② $2\sqrt{2}$　　③ 3　　④ $2\sqrt{3}$　　⑤ 4

D·03 |2016.10·가 25번|

정답률 82%   Pattern   08   Thema   06

그림과 같이 $\overline{AB}=15$ 인 삼각형 ABC 에 내접하는 원의 중심을 I 라 하고, 점 I 에서 변 BC 에 내린 수선의 발을 D 라 하자. $\overline{BD}=8$ 일 때, $\overrightarrow{BA} \cdot \overrightarrow{BI}$ 의 값을 구하시오. [3점]

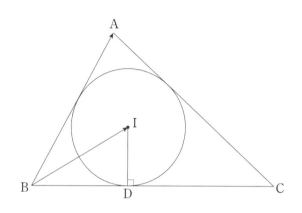

D·04 |2016.7·가 9번|

정답률 88%   Pattern   08   Thema

두 평면벡터 $\vec{a}$, $\vec{b}$ 가

$$|\vec{a}|=1, \ |\vec{b}|=3, \ |2\vec{a}+\vec{b}|=4$$

를 만족시킬 때, 두 평면벡터 $\vec{a}$, $\vec{b}$ 가 이루는 각을 θ 라 하자. $\cos\theta$ 의 값은? [3점]

① $\dfrac{1}{8}$ ② $\dfrac{3}{16}$ ③ $\dfrac{1}{4}$ ④ $\dfrac{5}{16}$ ⑤ $\dfrac{3}{8}$

D·05 |2022.4·기하 27번|

정답률 68%   Pattern   09   Thema

쌍곡선 $\dfrac{x^2}{2}-\dfrac{y^2}{2}=1$ 의 꼭짓점 중 x 좌표가 양수인 점을 A 라 하자. 이 쌍곡선 위의 점 P 에 대하여 $|\overrightarrow{OA}+\overrightarrow{OP}|=k$ 를 만족시키는 점 P 의 개수가 3 일 때, 상수 k 의 값은? (단, O 는 원점이다.) [3점]

① 1   ② $\sqrt{2}$ ③ 2   ④ $2\sqrt{2}$ ⑤ 4

D·06

| 2024.사관·기하 28번 |

Pattern ⑧ Thema

삼각형 ABC 의 세 꼭짓점 A, B, C 가 다음 조건을 만족시킨다.

> (가) $\overrightarrow{AB} \cdot \overrightarrow{AC} = \dfrac{1}{3}|\overrightarrow{AB}|^2$
>
> (나) $\overrightarrow{AB} \cdot \overrightarrow{CB} = \dfrac{2}{5}|\overrightarrow{AC}|^2$

점 B 를 지나고 직선 AB 에 수직인 직선과 직선 AC 가 만나는 점을 D 라 하자. $|\overrightarrow{BD}| = \sqrt{42}$ 일 때, 삼각형 ABC 의 넓이는? [4점]

① $\dfrac{\sqrt{14}}{6}$ ② $\dfrac{\sqrt{14}}{5}$ ③ $\dfrac{\sqrt{14}}{4}$ ④ $\dfrac{\sqrt{14}}{3}$ ⑤ $\dfrac{\sqrt{14}}{2}$

D·07

| 2019.10·가 27번 |

정답률 62%

Pattern ⑧ Thema

그림과 같이 선분 AB 를 지름으로 하는 원 위의 점 P 에서의 접선과 직선 AB 가 만나는 점을 Q 라 하자. 점 Q 가 선분 AB 를 5 : 1 로 외분하는 점이고, $\overline{BQ} = \sqrt{3}$ 일 때, $\overrightarrow{AP} \cdot \overrightarrow{AQ}$ 의 값을 구하시오. [4점]

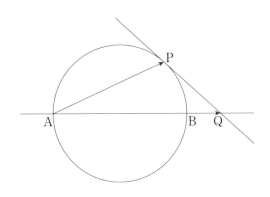

D·08   해설 Thema 7 학습 | 2019.사관·가 27번 |
   Pattern 8   Thema 7

그림과 같이 $\overline{AB}=3$, $\overline{BC}=4$인 삼각형 ABC에서 선분 AC를 $1:2$로 내분하는 점을 D, 선분 AC를 $2:1$로 내분하는 점을 E라 하자. 선분 BC의 중점을 F라 하고, 두 선분 BE, DF의 교점을 G라 하자.

$\overrightarrow{AG} \cdot \overrightarrow{BE} = 0$일 때, $\cos(\angle ABC) = \dfrac{q}{p}$이다. $p+q$의 값을 구하시오. (단, p와 q는 서로소인 자연수이다.) [4점]

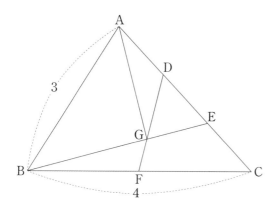

D·09   정답률 61% | 2017.10·가 28번 |
   Pattern 8   Thema

그림과 같이 한 변의 길이가 4인 정사각형 $ABCD$의 내부에 선분 AB와 선분 BC에 접하고 반지름의 길이가 1인 원 C_1과 선분 AD와 선분 CD에 접하고 반지름의 길이가 1인 원 C_2가 있다. 원 C_1과 선분 AB의 접점을 P라 하고, 원 C_2 위의 한 점을 Q라 하자. $\overrightarrow{PC} \cdot \overrightarrow{PQ}$의 최댓값을 $a+\sqrt{b}$라 할 때, $a+b$의 값을 구하시오. (단, a와 b는 유리수이다.) [4점]

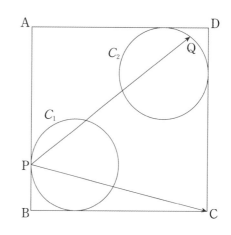

D·10 | 2017.사관·가 28번 |

Pattern ⑧   Thema

그림과 같이 반지름의 길이가 5인 원 C와 원 C 위의 점 A에서의 접선 l이 있다. 원 C 위의 점 P와 $\overline{AB} = 24$를 만족시키는 직선 l 위의 점 B에 대하여 $\overrightarrow{PA} \cdot \overrightarrow{PB}$의 최댓값을 구하시오. [4점]

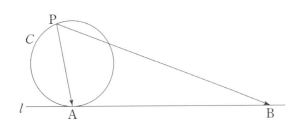

D·11 | 2016.7·가 19번 |

정답률 82%   Pattern ⑧   Thema

그림과 같이 삼각형 ABC에 대하여 꼭짓점 C에서 선분 AB에 내린 수선의 발을 H라 하자. 삼각형 ABC가 다음 조건을 만족시킬 때, $\overrightarrow{CA} \cdot \overrightarrow{CH}$의 값은? [4점]

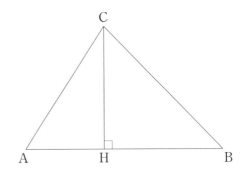

(가) 점 H가 선분 AB를 $2:3$으로 내분한다.

(나) $\overrightarrow{AB} \cdot \overrightarrow{AC} = 40$

(다) 삼각형 ABC의 넓이는 30이다.

① 36   ② 37   ③ 38   ④ 39   ⑤ 40

D·12 | 2010.10·가 11번 |

정답률 54%   Pattern ⑧   Thema

그림은 $\overline{AB}=2$, $\overline{AD}=2\sqrt{3}$ 인 직사각형 ABCD 와 이 직사각형의 한 변 CD 를 지름으로 하는 원을 나타낸 것이다. 이 원 위를 움직이는 점 P 에 대하여 두 벡터 $\overrightarrow{AC}$, $\overrightarrow{AP}$ 의 내적 $\overrightarrow{AC} \cdot \overrightarrow{AP}$ 의 최댓값은? (단, 직사각형과 원은 같은 평면 위에 있다.) [4점]

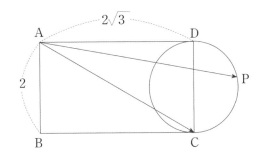

① 12   ② 14   ③ 16   ④ 18   ⑤ 20

D·13 | 2021.10·기하 28번 |

정답률 37%   Pattern ⑨   Thema

삼각형 ABC 와 삼각형 ABC 의 내부의 점 P 가 다음 조건을 만족시킨다.

(가) $\overrightarrow{PA} \cdot \overrightarrow{PC}=0$, $\dfrac{|\overrightarrow{PA}|}{|\overrightarrow{PC}|}=3$

(나) $\overrightarrow{PB} \cdot \overrightarrow{PC}=-\dfrac{\sqrt{2}}{2}|\overrightarrow{PB}||\overrightarrow{PC}|=-2|\overrightarrow{PC}|^2$

직선 AP 와 선분 BC 의 교점을 D 라 할 때, $\overrightarrow{AD}=k\overrightarrow{PD}$ 이다. 실수 k 의 값은? [4점]

① $\dfrac{11}{2}$ ② 6   ③ $\dfrac{13}{2}$ ④ 7   ⑤ $\dfrac{15}{2}$

D·14 | 2019.사관·가 20번 |

Pattern   9   Thema

좌표평면에서 점 $A(0, 12)$와 양수 t에 대하여 점 $P(0, t)$와 점 Q가 다음 조건을 만족시킨다.

(가) $\overrightarrow{OA} \cdot \overrightarrow{PQ} = 0$

(나) $\dfrac{t}{3} \le |\overrightarrow{PQ}| \le \dfrac{t}{2}$

$6 \le t \le 12$에서 $|\overrightarrow{AQ}|$의 최댓값을 M, 최솟값을 m이라 할 때, Mm의 값은? [4점]

① $12\sqrt{2}$ ② $14\sqrt{2}$ ③ $16\sqrt{2}$ ④ $18\sqrt{2}$ ⑤ $20\sqrt{2}$

D·15 | 2023.7·기하 29번 |

CHALLENGE   정답률 13%   Pattern   8   Thema

좌표평면 위에 길이가 6인 선분 AB를 지름으로 하는 원이 있다. 원 위의 서로 다른 두 점 C, D가

$$\overrightarrow{AB} \cdot \overrightarrow{AC} = 27, \quad \overrightarrow{AB} \cdot \overrightarrow{AD} = 9, \quad \overline{CD} > 3$$

을 만족시킨다. 선분 AC 위의 서로 다른 두 점 P, Q와 상수 k가 다음 조건을 만족시킨다.

(가) $\dfrac{3}{2}\overrightarrow{DP} - \overrightarrow{AB} = k\overrightarrow{BC}$

(나) $\overrightarrow{QB} \cdot \overrightarrow{QD} = 3$

$k \times (\overrightarrow{AQ} \cdot \overrightarrow{DP})$의 값을 구하시오. [4점]

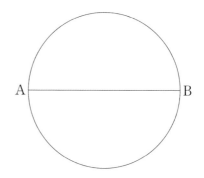

D·16
CHALLENGE   정답률 18%   Pattern ⑧ Thema | 2021.7·기하 30번 |

평면 위에

$$\overline{OA} = 2 + 2\sqrt{3}, \ \overline{AB} = 4,$$

$$\angle COA = \frac{\pi}{3}, \ \angle A = \angle B = \frac{\pi}{2}$$

를 만족시키는 사다리꼴 OABC 가 있다. 선분 AB 를 지름으로 하는 원 위의 점 P 에 대하여 $\overrightarrow{OC} \cdot \overrightarrow{OP}$ 의 값이 최대가 되도록 하는 점 P 를 Q 라 할 때, 직선 OQ 가 원과 만나는 점 중 Q 가 아닌 점을 D 라 하자. 원 위의 점 R 에 대하여 $\overrightarrow{DQ} \cdot \overrightarrow{AR}$ 의 최댓값을 M 이라 할 때, M^2 의 값을 구하시오. [4점]

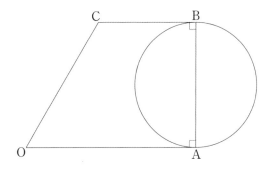

D·17
CHALLENGE   정답률 10%   Pattern ⑧ Thema | 2019.7·가 29번 |

중심이 O 이고 반지름의 길이가 1 인 원이 있다. 양수 x 에 대하여 원 위의 서로 다른 세 점 A, B, C 가

$$x\overrightarrow{OA} + 5\overrightarrow{OB} + 3\overrightarrow{OC} = \vec{0}$$

를 만족시킨다. $\overrightarrow{OA} \cdot \overrightarrow{OB}$ 의 값이 최대일 때, 삼각형 ABC 의 넓이를 S 라 하자. $50S$ 의 값을 구하시오. [4점]

D·18
CHALLENGE   정답률 9%   Pattern   8   Thema

그림과 같이 평면 위에 $\overline{\mathrm{OA}} = 2\sqrt{11}$ 을 만족하는 두 점 O, A와 점 O를 중심으로 하고 반지름의 길이가 각각 $\sqrt{5}$, $\sqrt{14}$ 인 두 원 C_1, C_2가 있다. 원 C_1 위의 서로 다른 두 점 P, Q와 원 C_2 위의 점 R가 다음 조건을 만족시킨다.

(가) 양수 k에 대하여 $\overrightarrow{\mathrm{PQ}} = k\overrightarrow{\mathrm{QR}}$

(나) $\overrightarrow{\mathrm{PQ}} \cdot \overrightarrow{\mathrm{AR}} = 0$ 이고 $\overline{\mathrm{PQ}} : \overline{\mathrm{AR}} = 2 : \sqrt{6}$

원 C_1 위의 점 S에 대하여 $\overrightarrow{\mathrm{AR}} \cdot \overrightarrow{\mathrm{AS}}$ 의 최댓값을 M, 최솟값을 m이라 할 때, Mm의 값을 구하시오.

(단, $\dfrac{\pi}{2} < \angle \mathrm{ORA} < \pi$) [4점]

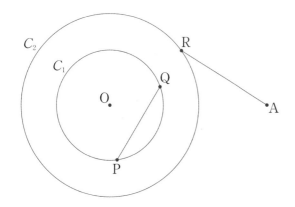

D·19
CHALLENGE   Pattern   8   Thema

그림과 같이 한 변의 길이가 2인 정삼각형 ABC와 반지름의 길이가 1이고 선분 AB와 직선 BC에 동시에 접하는 원 O가 있다. 원 O 위의 점 P와 선분 BC 위의 점 Q에 대하여 $\overrightarrow{\mathrm{AP}} \cdot \overrightarrow{\mathrm{AQ}}$ 의 최댓값과 최솟값의 합은 $a + b\sqrt{3}$ 이다. $a^2 + b^2$의 값을 구하시오. (단, a, b는 유리수이고, 원 O의 중심은 삼각형 ABC의 외부에 있다.) [4점]

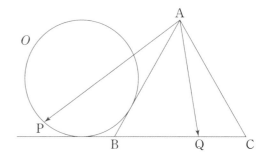

D·20  | 2015.사관·B 29번 |

Pattern   08   Thema

한 변의 길이가 4인 정사각형 ABCD에서 변 AB와 변 AD에 모두 접하고 점 C를 지나는 원을 O라 하자. 원 O 위를 움직이는 점 X에 대하여 두 벡터 $\overrightarrow{AB}$, $\overrightarrow{CX}$의 내적 $\overrightarrow{AB} \cdot \overrightarrow{CX}$의 최댓값은 $a - b\sqrt{2}$이다. $a + b$의 값을 구하시오. (단, a와 b는 자연수이다.) [4점]

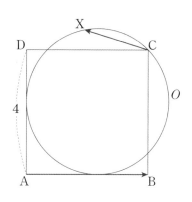

D·21 | 2025.사관·기하 30번 |

Pattern   09   Thema

좌표평면에 한 변의 길이가 $4\sqrt{2}$인 정삼각형 OAB와 다음 조건을 만족시키는 점 C가 있다.

(가) $|\overrightarrow{AC}| = 4$

(나) $\overrightarrow{OA} \cdot \overrightarrow{AC} = 0$, $\overrightarrow{AB} \cdot \overrightarrow{AC} > 0$

$(\overrightarrow{OP} - \overrightarrow{OC}) \cdot (\overrightarrow{OP} - \overrightarrow{OA}) = 0$을 만족시키는 점 P와 정삼각형 OAB의 변 위를 움직이는 점 Q에 대하여 $|\overrightarrow{OP} + \overrightarrow{OQ}|$의 최댓값과 최솟값의 합이 $p + q\sqrt{33}$일 때, $p^2 + q^2$의 값을 구하시오. (단, p와 q는 유리수이다.) [4점]

D·22   정답률 22%   Pattern 9 Thema | 2024.10·기하 28번 |

좌표평면의 두 점 $A(9, 0)$, $B(8, 1)$에 대하여 다음 조건을 만족시키는 모든 점 X의 집합을 S라 하자.

(가) $|\overrightarrow{AX}| = 2$

(나) $|\overrightarrow{OB} + k\overrightarrow{BX}| = 4$를 만족시키는 실수 k가 존재한다.

집합 S에 속하는 점 중에서 x좌표가 최대인 점을 P라 하자. 두 벡터 $\overrightarrow{OP}$, $\overrightarrow{BP}$가 이루는 각의 크기를 θ라 할 때, $\cos\theta$의 값은? (단, O는 원점이다.) [4점]

① $\dfrac{3\sqrt{10}}{10}$ ② $\dfrac{2\sqrt{5}}{5}$ ③ $\dfrac{\sqrt{10}}{5}$

④ $\dfrac{\sqrt{5}}{5}$ ⑤ $\dfrac{\sqrt{10}}{10}$

D·23   정답률 25%   Pattern 9 Thema | 2024.7·기하 29번 |

좌표평면 위의 세 점 $A(2, 0)$, $B(6, 0)$, $C(0, 1)$에 대하여 두 점 P, Q가 다음 조건을 만족시킨다.

(가) $\overrightarrow{AP} \cdot \overrightarrow{BP} = 0$, $\overrightarrow{OP} \cdot \overrightarrow{OC} \geq 0$

(나) $\overrightarrow{QB} = 4\overrightarrow{QP} + \overrightarrow{QA}$

$|\overrightarrow{QA}| = 2$일 때, $\overrightarrow{AP} \cdot \overrightarrow{AQ} = k$이다. $20 \times k$의 값을 구하시오. (단, O는 원점이고, k는 상수이다.) [4점]

D·24
정답률 45%   Pattern ⑨ | Thema

좌표평면 위의 점 $A(5, 0)$에 대하여 제1사분면 위의 점 P가

$$|\overrightarrow{OP}| = 2, \quad \overrightarrow{OP} \cdot \overrightarrow{AP} = 0$$

을 만족시키고, 제1사분면 위의 점 Q가

$$|\overrightarrow{AQ}| = 1, \quad \overrightarrow{OQ} \cdot \overrightarrow{AQ} = 0$$

을 만족시킬 때, $\overrightarrow{OA} \cdot \overrightarrow{PQ}$의 값을 구하시오. (단, O는 원점이다.) [4점]

D·25
CHALLENGE   Pattern ⑨ | Thema

좌표평면 위의 세 점 $A(6, 0)$, $B(2, 6)$, $C(k, -2k)$ $(k > 0)$과 삼각형 ABC의 내부 또는 변 위의 점 P가 다음 조건을 만족시킨다.

> (가) $5\overrightarrow{BA} \cdot \overrightarrow{OP} - \overrightarrow{OB} \cdot \overrightarrow{AP} = \overrightarrow{OA} \cdot \overrightarrow{OB}$
> (나) 점 P가 나타내는 도형의 길이는 $\sqrt{5}$이다.

$\overrightarrow{OA} \cdot \overrightarrow{CP}$의 최댓값을 구하시오. (단, O는 원점이다.) [4점]

D·26

| 2022.10·기하 28번 |

정답률 53%   Pattern   9   Thema

그림과 같이 한 평면 위에 반지름의 길이가 4 이고 중심각의 크기가 120° 인 부채꼴 OAB 와 중심이 C 이고 반지름의 길이가 1인 원 C 가 있고, 세 벡터 $\overrightarrow{OA}$, $\overrightarrow{OB}$, $\overrightarrow{OC}$ 가

$$\overrightarrow{OA} \cdot \overrightarrow{OC} = 24, \quad \overrightarrow{OB} \cdot \overrightarrow{OC} = 0$$

을 만족시킨다. 호 AB 위를 움직이는 점 P 와 원 C 위를 움직이는 점 Q 에 대하여 $\overrightarrow{OP} \cdot \overrightarrow{PQ}$ 의 최댓값과 최솟값을 각각 M, m 이라 할 때, $M+m$ 의 값은? [4점]

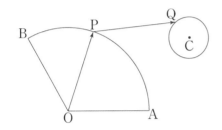

① $12\sqrt{3} - 34$ ② $12\sqrt{3} - 32$ ③ $16\sqrt{3} - 36$

④ $16\sqrt{3} - 34$ ⑤ $16\sqrt{3} - 32$

D·27

| 2022.7·기하 29번 |

CHALLENGE   정답률 19%   Pattern   9   Thema

평면 위에 한 변의 길이가 6인 정삼각형 ABC 의 무게중심 O 에 대하여 $\overrightarrow{OD} = \dfrac{3}{2}\overrightarrow{OB} - \dfrac{1}{2}\overrightarrow{OC}$ 를 만족시키는 점을 D 라 하자. 선분 CD 위의 점 P 에 대하여 $|2\overrightarrow{PA} + \overrightarrow{PD}|$ 의 값이 최소가 되도록 하는 점 P 를 Q 라 하자. $|\overrightarrow{OR}| = |\overrightarrow{OA}|$ 를 만족시키는 점 R 에 대하여 $\overrightarrow{QA} \cdot \overrightarrow{QR}$ 의 최댓값이 $p + q\sqrt{93}$ 일 때, $p+q$ 의 값을 구하시오. (단, p, q 는 유리수이다.) [4점]

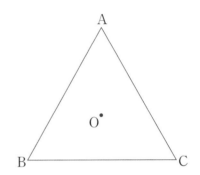

D·28
CHALLENGE | Pattern 09 | Thema
| 2022.사관·기하 30번 |

좌표평면 위의 두 점 $A(6, 0)$, $B(6, 5)$와 음이 아닌 실수 k에 대하여 두 점 P, Q가 다음 조건을 만족시킨다.

(가) $\overrightarrow{OP} = k(\overrightarrow{OA} + \overrightarrow{OB})$ 이고 $\overrightarrow{OP} \cdot \overrightarrow{OA} \leq 21$ 이다.

(나) $|\overrightarrow{AQ}| = |\overrightarrow{AB}|$ 이고 $\overrightarrow{OQ} \cdot \overrightarrow{OA} \leq 21$ 이다.

$\overrightarrow{OX} = \overrightarrow{OP} + \overrightarrow{OQ}$ 를 만족시키는 점 X가 나타내는 도형의 넓이는 $\dfrac{q}{p}\sqrt{3}$ 이다. $p+q$의 값을 구하시오. (단, O는 원점이고, p와 q는 서로소인 자연수이다.) [4점]

D·29
CHALLENGE 정답률 17% | Pattern 09 | Thema
| 2017.7·가 29번 |

평면 위에 반지름의 길이가 13인 원 C가 있다. 원 C 위의 두 점 A, B에 대하여 $\overline{AB} = 24$ 이고, 이 평면 위의 점 P가 다음 조건을 만족시킨다.

(가) $|\overrightarrow{AP}| = 5$

(나) $\overrightarrow{AB}$ 와 $\overrightarrow{AP}$ 가 이루는 각의 크기를 θ 라 할 때, $5\cos\theta$ 는 자연수이다.

원 C 위의 점 Q에 대하여 $\overrightarrow{AP} \cdot \overrightarrow{AQ}$ 의 최댓값을 구하시오. [4점]

3. 공간도형과 공간좌표   **3-1** 공간도형
                         3-2 공간좌표

E·01   정답률 70% | 2022.7·기하 27번 |

공간에서 수직으로 만나는 두 평면 α, β 의 교선 위에 두 점 A, B 가 있다. 평면 α 위에 $\overline{AC} = 2\sqrt{29}$, $\overline{BC} = 6$ 인 점 C 와 평면 β 위에 $\overline{AD} = \overline{BD} = 6$ 인 점 D 가 있다.

$\angle ABC = \dfrac{\pi}{2}$ 일 때, 직선 CD 와 평면 α 가 이루는 예각의 크기를 θ 라 하자. $\cos\theta$ 의 값은? [3점]

① $\dfrac{\sqrt{3}}{2}$ ② $\dfrac{\sqrt{7}}{3}$ ③ $\dfrac{\sqrt{29}}{6}$ ④ $\dfrac{\sqrt{30}}{6}$ ⑤ $\dfrac{\sqrt{31}}{6}$

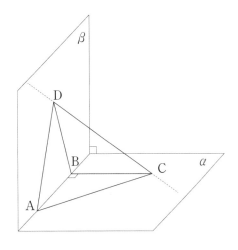

E·02   정답률 72% | 2024.10·기하 27번 |

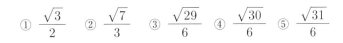

그림과 같이 한 모서리의 길이가 2 인 정육면체 ABCD － EFGH 에서 모서리 DH 의 중점을 M, 모서리 GH 의 중점을 N 이라 하자. 선분 FM 위의 점 P 에 대하여 선분 NP 의 길이가 최소일 때, 선분 NP 의 평면 FHM 위로의 정사영의 길이는? [3점]

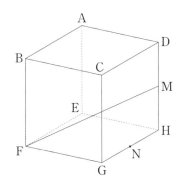

① $\dfrac{\sqrt{2}}{8}$ ② $\dfrac{\sqrt{2}}{4}$ ③ $\dfrac{3\sqrt{2}}{8}$ ④ $\dfrac{\sqrt{2}}{2}$ ⑤ $\dfrac{5\sqrt{2}}{8}$

E·03   정답률 75%   Pattern 12   Thema | 2024.7·기하 27번 |

밑면의 반지름의 길이가 3, 높이가 3인 원기둥이 있다.
이 원기둥의 한 밑면의 둘레 위의 한 점 P에서 다른 밑면에 내린 수선의 발을 P′이라 하고, 점 P를 포함하는 밑면의 중심을 O라 하자. 점 P′을 포함하는 밑면의 둘레 위의 서로 다른 두 점 A, B에 대하여 점 O에서 선분 AB에 내린 수선의 발을 H라 하자. $\overline{BP'}=6$, $\overline{OH}=\sqrt{13}$일 때, 삼각형 PAH의 넓이는? [3점]

① $\sqrt{5}$ ② $\dfrac{3\sqrt{5}}{2}$ ③ $2\sqrt{5}$ ④ $\dfrac{5\sqrt{5}}{2}$ ⑤ $3\sqrt{5}$

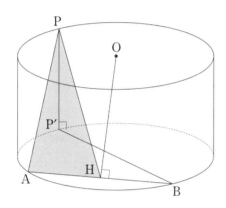

E·04   정답률 75%   Pattern 12   Thema | 2023.7·기하 27번 |

공간에 선분 AB를 포함하는 평면 α가 있다. 평면 α 위에 있지 않은 점 C에서 평면 α에 내린 수선의 발을 H라 할 때, 점 H가 다음 조건을 만족시킨다.

(가) $\angle AHB = \dfrac{\pi}{2}$

(나) $\sin(\angle CAH) = \sin(\angle ABH) = \dfrac{\sqrt{3}}{3}$

평면 ABC와 평면 α가 이루는 예각의 크기를 θ라 할 때, $\cos\theta$의 값은? (단, 점 H는 선분 AB 위에 있지 않다.) [3점]

① $\dfrac{\sqrt{7}}{14}$ ② $\dfrac{\sqrt{7}}{7}$ ③ $\dfrac{3\sqrt{7}}{14}$

④ $\dfrac{2\sqrt{7}}{7}$ ⑤ $\dfrac{5\sqrt{7}}{14}$

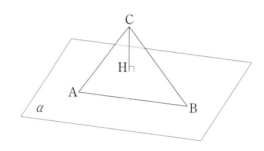

E·05 | 2021.7·기하 27번 |

정답률 78%

그림과 같이 평면 α 위에 있는 서로 다른 두 점 A, B와 평면 α 위에 있지 않은 서로 다른 네 점 C, D, E, F가 있다. 사각형 ABCD는 한 변의 길이가 6인 정사각형이고 사각형 ABEF는 $\overline{AF}=12$인 직사각형이다.

정사각형 ABCD의 평면 α 위로의 정사영의 넓이는 18이고, 점 F의 평면 α 위로의 정사영을 H라 하면 $\overline{FH}=6$이다. 정사각형 ABCD의 평면 ABEF 위로의 정사영의 넓이는? (단, $0 < \angle DAF < \dfrac{\pi}{2}$) [3점]

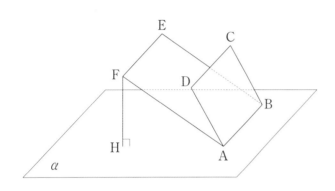

① $12\sqrt{3}$ ② $15\sqrt{2}$ ③ $18\sqrt{2}$ ④ $15\sqrt{3}$ ⑤ $18\sqrt{3}$

E·06 | 2020.사관·가 9번 |

평면 α 위에 있는 서로 다른 두 점 A, B와 평면 α 위에 있지 않은 점 P에 대하여 삼각형 PAB는 한 변의 길이가 6인 정삼각형이다. 점 P에서 평면 α에 내린 수선의 발 H에 대하여 $\overline{PH}=4$일 때, 삼각형 HAB의 넓이는? [3점]

① $3\sqrt{3}$ ② $3\sqrt{5}$ ③ $3\sqrt{7}$ ④ 9 ⑤ $3\sqrt{11}$

E·07 | 2018.10·가 20번 |

정답률 36%

공간에서 서로 다른 5개의 점 A, B, C, D, E가 다음 조건을 만족시킨다.

(가) $\overline{AB}=\overline{BC}=\overline{CD}=\overline{DE}=1$
(나) $\overline{AB} \perp \overline{BC}$, $\overline{CD} \perp \overline{DE}$

〈보기〉에서 옳은 것만을 있는 대로 고른 것은? [4점]

보기

ㄱ. $|\overrightarrow{AE}|$의 최댓값은 $2\sqrt{2}$이다.

ㄴ. $\overline{AB} \perp \overline{DE}$이면 $\overline{BC} \perp \overline{CD}$이다.

ㄷ. $\overline{AB} \perp \overline{CD}$이고 $\overline{BC} \perp \overline{CD}$이면 $\overrightarrow{AC} \cdot \overrightarrow{AE}$의 최댓값은 $1+2\sqrt{2}$이다.

① ㄱ   ② ㄴ   ③ ㄱ, ㄴ
④ ㄱ, ㄷ   ⑤ ㄴ, ㄷ

E·08

정답률 45%   Pattern 10   Thema

| 2011.10·가 30번 |

정사면체 ABCD 에서 두 모서리 AC, AD 의 중점을 각각 M, N 이라 하자. 직선 BM 과 직선 CN 이 이루는 예각의 크기를 θ 라 할 때, $\cos\theta = \dfrac{q}{p}$ 이다. $p+q$ 의 값을 구하시오. (단, p 와 q 는 서로소인 자연수이다.) [4점]

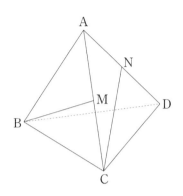

E·09

정답률 64%   해설 저자의 특강   Pattern 11   Thema

| 2013.7·B 19번 |

그림과 같이 $\overline{AB}=2$, $\overline{AD}=3$, $\overline{AE}=4$ 인 직육면체 ABCD − EFGH 에서 평면 AFGD 와 평면 BEG 의 교선을 l 이라 하자. 직선 l 과 평면 EFGH 가 이루는 예각의 크기를 θ 라 할 때, $\cos^2\theta$ 의 값은? [4점]

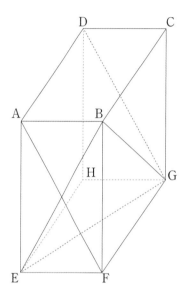

① $\dfrac{1}{7}$ ② $\dfrac{2}{7}$ ③ $\dfrac{3}{7}$ ④ $\dfrac{4}{7}$ ⑤ $\dfrac{5}{7}$

E·10  정답률 39% | 2021.7·기하 29번 |

Pattern 12 Thema

그림과 같이

$$\overline{AB} = 4, \ \overline{CD} = 8, \ \overline{BC} = \overline{BD} = 4\sqrt{5}$$

인 사면체 ABCD 에 대하여 직선 AB 와 평면 ACD 는 서로 수직이다. 두 선분 CD, DB 의 중점을 각각 M, N 이라 할 때, 선분 AM 위의 점 P 에 대하여 선분 DB 와 선분 PN 은 서로 수직이다. 두 평면 PDB 와 CDB 가 이루는 예각의 크기를 θ 라 할 때, $40\cos^2\theta$ 의 값을 구하시오. [4점]

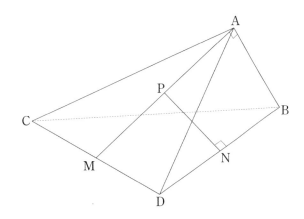

E·11   해설 Thema 9 학습 | 2020.사관·가 26번 |

Pattern 12 Thema 9

그림과 같이 한 변의 길이가 6 인 정삼각형 ACD 를 한 면으로 하는 사면체 ABCD 가 다음 조건을 만족시킨다.

(가) $\overline{BC} = 3\sqrt{10}$
(나) $\overline{AB} \perp \overline{AC}, \ \overline{AB} \perp \overline{AD}$

두 모서리 AC, AD 의 중점을 각각 M, N 이라 할 때, 삼각형 BMN 의 평면 BCD 위로의 정사영의 넓이를 S 라 하자. $40 \times S$ 의 값을 구하시오. [4점]

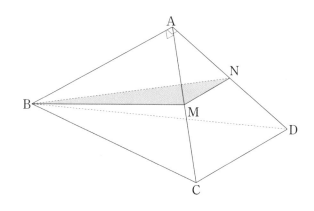

E·12

해설 | 저자의 특강, 실전 개념

정답률 45%   Pattern   12   Thema   9

그림과 같이 한 모서리의 길이가 1인 정사면체 ABCD에서 선분 AB의 중점을 M, 선분 CD를 3 : 1로 내분하는 점을 N이라 하자. 선분 AC 위에 $\overline{MP}+\overline{PN}$ 의 값이 최소가 되도록 점 P를 잡고, 선분 AD 위에 $\overline{MQ}+\overline{QN}$ 의 값이 최소가 되도록 점 Q를 잡는다. 삼각형 MPQ의 평면 BCD 위로의 정사영의 넓이는? [4점]

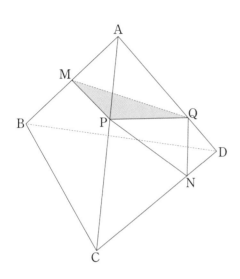

① $\dfrac{\sqrt{3}}{30}$ ② $\dfrac{\sqrt{3}}{15}$ ③ $\dfrac{\sqrt{3}}{10}$ ④ $\dfrac{2\sqrt{3}}{15}$ ⑤ $\dfrac{\sqrt{3}}{6}$

E·13

정답률 67%   Pattern   12   Thema

그림과 같이 $\overline{AB}=\overline{AD}$ 이고 $\overline{AE}=\sqrt{15}$ 인 직육면체 ABCD－EFGH가 있다. 선분 BC 위의 점 P와 선분 EF 위의 점 Q에 대하여 삼각형 PHQ의 평면 EFGH 위로의 정사영은 한 변의 길이가 4인 정삼각형이다. 삼각형 EQH의 평면 PHQ 위로의 정사영의 넓이는? [4점]

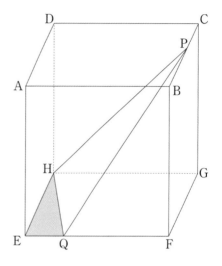

① $\dfrac{1}{3}$ ② $\dfrac{2}{3}$ ③ 1   ④ $\dfrac{4}{3}$ ⑤ $\dfrac{5}{3}$

E·14 | 2019.사관·가 17번 |

Pattern   12   Thema

그림과 같이 서로 다른 두 평면 α, β의 교선 위에 점 A 가 있다. 평면 α 위의 세 점 B, C, D 의 평면 β 위로의 정사영을 각각 B′, C′, D′ 이라 할 때, 사각형 AB′C′D′ 은 한 변의 길이가 $4\sqrt{2}$ 인 정사각형이고, $\overline{BB'} = \overline{DD'}$ 이다. 두 평면 α 와 β 가 이루는 각의 크기를 θ 라 할 때, $\tan\theta = \dfrac{3}{4}$ 이다. 선분 BC 의 길이는? (단, 선분 BD 와 평면 β 는 만나지 않는다.) [4점]

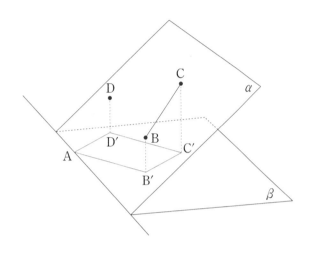

① $\sqrt{35}$ ② $\sqrt{37}$ ③ $\sqrt{39}$ ④ $\sqrt{41}$ ⑤ $\sqrt{43}$

E·15 | 2018.7·가 17번 |

정답률 77%   Pattern   12   Thema

사면체 OABC 에서 $\overline{OC} = 3$ 이고 삼각형 ABC 는 한 변의 길이가 6 인 정삼각형이다. 직선 OC 와 평면 OAB 가 수직일 때, 삼각형 OBC 의 평면 ABC 위로의 정사영의 넓이는? [4점]

① $\dfrac{3\sqrt{3}}{4}$ ② $\sqrt{3}$ ③ $\dfrac{5\sqrt{3}}{4}$ ④ $\dfrac{3\sqrt{3}}{2}$ ⑤ $\dfrac{7\sqrt{3}}{4}$

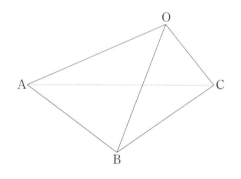

E·16

Pattern   12   Thema

평면 α 위에 있는 서로 다른 두 점 A, B 와 평면 α 위에 있지 않은 점 P 에 대하여 삼각형 PAB 는 $\overline{\mathrm{PB}} = 4$, $\angle \mathrm{PAB} = \dfrac{\pi}{2}$ 인 직각이등변삼각형이고, 평면 PAB 와 평면 α 가 이루는 각의 크기는 $\dfrac{\pi}{6}$ 이다. 점 P 에서 평면 α 에 내린 수선의 발을 H 라 할 때, 사면체 PHAB 의 부피는? [4점]

① $\dfrac{\sqrt{6}}{6}$ ② $\dfrac{\sqrt{6}}{3}$ ③ $\dfrac{\sqrt{6}}{2}$ ④ $\dfrac{2\sqrt{6}}{3}$ ⑤ $\dfrac{5\sqrt{6}}{6}$

E·17

정답률 84%   Pattern   12   Thema   9

그림과 같이 한 모서리의 길이가 2 인 정사면체 ABCD 와 모든 모서리의 길이가 2 인 사각뿔 G−EDCF 가 있다. 네 점 B, C, D, G 가 한 평면 위에 있을 때, 평면 ACD 와 평면 EDCF 가 이루는 예각의 크기를 θ 라 하자. $\cos\theta$ 의 값은?

[4점]

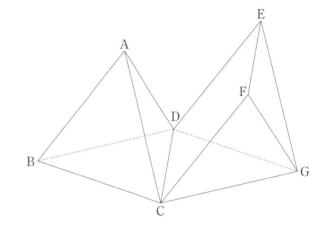

① $\dfrac{\sqrt{3}}{6}$ ② $\dfrac{\sqrt{3}}{5}$ ③ $\dfrac{\sqrt{3}}{4}$ ④ $\dfrac{\sqrt{3}}{3}$ ⑤ $\dfrac{\sqrt{3}}{2}$

E·18 정답률 82% | 2017.7·가 14번 |

Pattern 12   Thema

그림과 같이 한 변의 길이가 4인 정사각형을 밑면으로 하고 $\overline{OA} = \overline{OB} = \overline{OC} = \overline{OD} = 2\sqrt{5}$ 인 정사각뿔 O − ABCD 가 있다. 두 선분 OA, AB의 중점을 각각 P, Q라 할 때, 삼각형 OPQ의 평면 OCD 위로의 정사영의 넓이는? [4점]

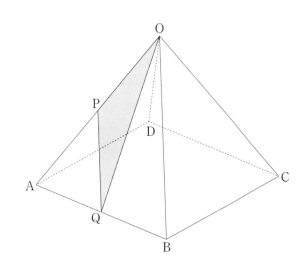

① $\dfrac{1}{2}$ ② $\dfrac{3}{4}$ ③ 1   ④ $\dfrac{5}{4}$ ⑤ $\dfrac{3}{2}$

E·19 | 2017.사관·가 15번 |

Pattern 12   Thema

그림과 같이 한 모서리의 길이가 12인 정사면체 ABCD에서 두 모서리 BD, CD의 중점을 각각 M, N이라 하자. 사각형 BCNM의 평면 AMN 위로의 정사영의 넓이는? [4점]

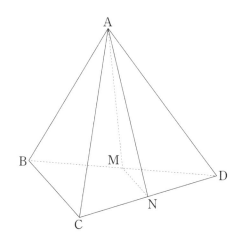

① $\dfrac{15\sqrt{11}}{11}$ ② $\dfrac{18\sqrt{11}}{11}$ ③ $\dfrac{21\sqrt{11}}{11}$

④ $\dfrac{24\sqrt{11}}{11}$ ⑤ $\dfrac{27\sqrt{11}}{11}$

E·20

길이가 5인 선분 AB를 지름으로 하는 구 위에 점 C가 있다. 점 A를 지나고 직선 AB에 수직인 직선 l이 직선 BC에 수직이다. 직선 l 위의 점 D에 대하여 $\overline{BD}=6$, $\overline{CD}=4$일 때, 선분 AC의 길이는? (단, 점 C는 선분 AB 위에 있지 않다.) [4점]

① $\sqrt{3}$ ② 2   ③ $\sqrt{5}$ ④ $\sqrt{6}$ ⑤ $\sqrt{7}$

E·21

그림과 같이 평면 α 위에 넓이가 27인 삼각형 ABC가 있고, 평면 β 위에 넓이가 35인 삼각형 ABD가 있다. 선분 BC를 1:2로 내분하는 점을 P라 하고 선분 AP를 2:1로 내분하는 점을 Q라 하자. 점 D에서 평면 α에 내린 수선의 발을 H라 하면 점 Q는 선분 BH의 중점이다. 두 평면 α, β가 이루는 각을 θ라 할 때, $\cos\theta = \dfrac{q}{p}$이다. $p+q$의 값을 구하시오. (단, p와 q는 서로소인 자연수이다.) [4점]

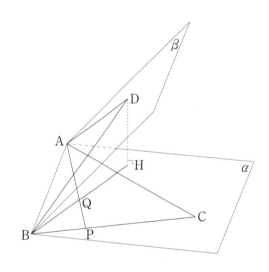

E·22

| 2015.10·B 26번 |

정답률 73%   Pattern   12   Thema   9

한 모서리의 길이가 4인 정사면체 ABCD에서 선분 AD를 1:3으로 내분하는 점을 P, 3:1로 내분하는 점을 Q라 하자. 두 평면 PBC와 QBC가 이루는 예각의 크기를 θ라 할 때, $\cos\theta = \dfrac{q}{p}$이다. $p+q$의 값을 구하시오.

(단, p와 q는 서로소인 자연수이다.) [4점]

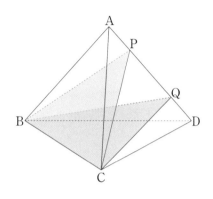

E·23

| 2015.10·B 19번 |

정답률 81%   Pattern   12   Thema

그림과 같이 한 변의 길이가 2인 정팔면체 ABCDEF가 있다. 두 삼각형 ABC, CBF의 평면 BEF 위로의 정사영의 넓이를 각각 S_1, S_2라 할 때, $S_1 + S_2$의 값은? [4점]

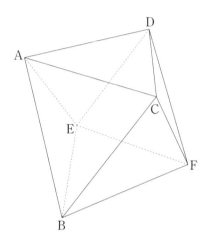

① $\dfrac{2\sqrt{3}}{3}$ ② $\sqrt{3}$ ③ $\dfrac{4\sqrt{3}}{3}$ ④ $\dfrac{5\sqrt{3}}{3}$ ⑤ $2\sqrt{3}$

E·24

| 2015.사관·B 20번 |

Pattern   12   Thema

그림은 어떤 사면체의 전개도이다. 삼각형 BEC는 한 변의 길이가 2인 정삼각형이고, ∠ABC = ∠CFA = 90°, $\overline{AC} = 4$이다. 이 전개도로 사면체를 만들 때, 두 면 ACF, ABC가 이루는 예각의 크기를 θ라 하자. $\cos\theta$의 값은? [4점]

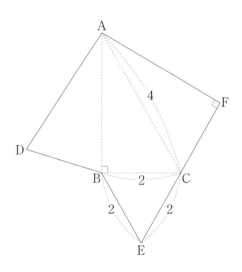

① $\dfrac{1}{6}$ ② $\dfrac{\sqrt{2}}{6}$ ③ $\dfrac{1}{4}$ ④ $\dfrac{\sqrt{3}}{6}$ ⑤ $\dfrac{1}{3}$

E·25

| 2014.사관·B 19번 |

Pattern   12   Thema

그림과 같이 평면 α와 한 점 A에서 만나는 정삼각형 ABC가 있다. 두 점 B, C의 평면 α 위로의 정사영을 각각 B′, C′이라 하자. $\overline{AB'} = \sqrt{5}$, $\overline{B'C'} = 2$, $\overline{C'A} = \sqrt{3}$일 때, 정삼각형 ABC의 넓이는? [4점]

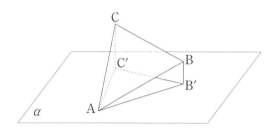

① $\sqrt{3}$ ② $\dfrac{2+\sqrt{3}}{2}$ ③ $\dfrac{3+\sqrt{3}}{2}$

④ $\dfrac{1+2\sqrt{3}}{2}$ ⑤ $\dfrac{3+2\sqrt{3}}{2}$

E·26

정답률 75%   Pattern 12 Thema

그림과 같이 한 모서리의 길이가 20인 정육면체 ABCD − EFGH 가 있다. 모서리 AB 를 3 : 1로 내분하는 점을 L, 모서리 HG 의 중점을 M 이라 하자. 점 M 에서 선분 LD 에 내린 수선의 발을 N 이라 할 때, 선분 MN 의 길이는? [4점]

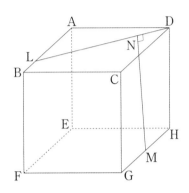

① $12\sqrt{3}$ ② $8\sqrt{7}$ ③ $15\sqrt{2}$

④ $4\sqrt{29}$ ⑤ $4\sqrt{30}$

E·27

Pattern 12 Thema

그림과 같은 정육면체 ABCD − EFGH 에서 네 모서리 AD, CD, EF, EH 의 중점을 각각 P, Q, R, S 라 하고, 두 선분 RS 와 EG 의 교점을 M 이라 하자. 평면 PMQ 와 평면 EFGH 가 이루는 예각의 크기를 θ 라 할 때, $\tan^2\theta + \dfrac{1}{\cos^2\theta}$ 의 값을 구하시오. [4점]

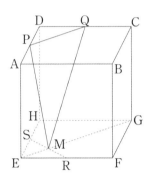

E·28   정답률 75%   Pattern 12   Thema |2012.10·가 18번|

평면 α 위에 거리가 4인 두 점 A, C와 중심이 C이고 반지름의 길이가 2인 원이 있다. 점 A에서 이 원에 그은 접선의 접점을 B라 하자. 점 B를 지나고 평면 α와 수직인 직선 위에 $\overline{BP} = 2$가 되는 점을 P라 할 때, 점 C와 직선 AP 사이의 거리는? [4점]

① $\sqrt{6}$ ② $\sqrt{7}$ ③ $2\sqrt{2}$ ④ 3   ⑤ $\sqrt{10}$

E·29   정답률 44%   Pattern 12   Thema |2012.7·가 21번|

그림과 같이 정사면체 ABCD의 모서리 CD를 3:1로 내분하는 점을 P라 하자. 삼각형 ABP와 삼각형 BCD가 이루는 각의 크기를 θ라 할 때, $\cos\theta$의 값은?

(단, $0 < \theta < \dfrac{\pi}{2}$) [4점]

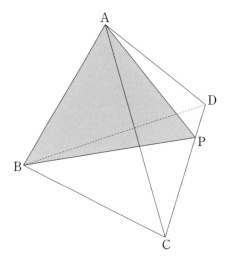

① $\dfrac{\sqrt{3}}{6}$ ② $\dfrac{\sqrt{3}}{9}$ ③ $\dfrac{\sqrt{3}}{12}$ ④ $\dfrac{\sqrt{3}}{15}$ ⑤ $\dfrac{\sqrt{3}}{18}$

E·30   정답률 75%   Pattern   12   Thema | 2006.10·가 24번 |

공간에서 평면 α 위에 세 변의 길이가 $\overline{AB} = \overline{AC} = 10$, $\overline{BC} = 12$ 인 삼각형 ABC 가 있다. 점 A 를 지나고 평면 α 에 수직인 직선 l 위의 점 D 에 대하여 $\overline{AD} = 6$ 이 되도록 점 D 를 잡을 때 $\triangle DBC$ 의 넓이를 구하시오. [4점]

E·31   정답률 67%   Pattern   12   Thema | 2005.10·가 13번 |

그림과 같이 사면체 ABCD 의 각 모서리의 길이는

$$\overline{AB} = \overline{AC} = 7, \quad \overline{BD} = \overline{CD} = 5, \quad \overline{BC} = 6, \quad \overline{AD} = 4$$

이다. 평면 ABC 와 평면 BCD 가 이루는 이면각의 크기를 θ 라 할 때, $\cos\theta$ 의 값은? (단, θ 는 예각) [4점]

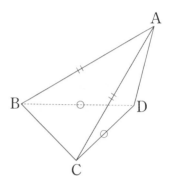

① $\dfrac{\sqrt{2}}{3}$ ② $\dfrac{\sqrt{3}}{3}$ ③ $\dfrac{3}{4}$ ④ $\dfrac{\sqrt{10}}{4}$ ⑤ $\dfrac{\sqrt{10}}{5}$

E·32
CHALLENGE   정답률 3%   Pattern 11   Thema

그림과 같이 평면 α 위에 중심이 점 A이고 반지름의 길이가 $\sqrt{3}$인 원 C가 있다. 점 A를 지나고 평면 α에 수직인 직선 위의 점 B에 대하여 $\overline{AB}=3$이다. 원 C 위의 점 P에 대하여 원 D가 다음 조건을 만족시킨다.

> (가) 선분 BP는 원 D의 지름이다.
> (나) 점 A에서 원 D를 포함하는 평면에 내린 수선의 발 H는 선분 BP 위에 있다.

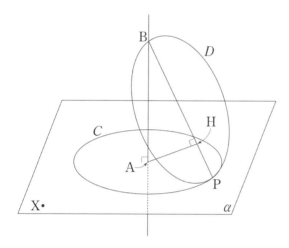

평면 α 위에 $\overline{AX}=5$인 점 X가 있다. 점 P가 원 C 위를 움직일 때, 원 D 위의 점 Q에 대하여 선분 XQ의 길이의 최댓값은 $m+\sqrt{n}$이다. $m+n$의 값을 구하시오. (단, m, n은 자연수이다.) [4점]

E·33
Pattern 12   Thema

$\overline{AB}=2$, $\overline{BC}=\sqrt{5}$인 직사각형 ABCD를 밑면으로 하고 $\overline{OA}=\overline{OB}=\overline{OC}=\overline{OD}=2$인 사각뿔 O−ABCD가 있다. 선분 OA의 중점을 M이라 하고, 점 M에서 평면 OBD에 내린 수선의 발을 H라 하자. 선분 BH의 길이를 k라 할 때, $90k^2$의 값을 구하시오. [4점]

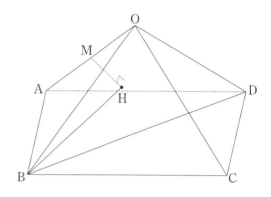

E·34

그림과 같이 한 변의 길이가 2인 정사각형을 밑면으로 하고 $\overline{AB} = \overline{AC} = \overline{AD} = \overline{AE} = 4$인 정사각뿔 $A-BCDE$가 있다. 두 선분 BC, CD의 중점을 각각 P, Q라 하고, 선분 CA를 $1:7$로 내분하는 점을 R이라 하자. 네 점 C, P, Q, R을 모두 지나는 구 위의 점 중에서 직선 AB와의 거리가 최소인 점을 S라 하자. 삼각형 ABS의 평면 BCD 위로의 정사영의 넓이가 $p+q\sqrt{2}$일 때, $60 \times (p+q)$의 값을 구하시오. (단, p, q는 유리수이다.) [4점]

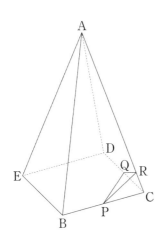

E·35

공간에 점 P를 포함하는 평면 α가 있다. 평면 α 위에 있지 않은 서로 다른 두 점 A, B의 평면 α 위로의 정사영을 각각 A', B'이라 할 때,

$$\overline{AA'} = 9, \quad \overline{A'P} = \overline{A'B'} = 5, \quad \overline{PB'} = 8$$

이다. 선분 PB'의 중점 M에 대하여 $\angle MAB = \dfrac{\pi}{2}$일 때, 직선 BM과 평면 APB'이 이루는 예각의 크기를 θ라 하자. $\cos^2\theta = \dfrac{q}{p}$일 때, $p+q$의 값을 구하시오. (단, p와 q는 서로소인 자연수이다.) [4점]

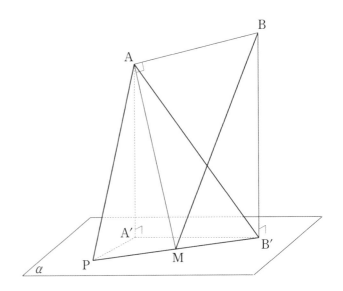

E·36

CHALLENGE   정답률 17%   Pattern   12   Thema

| 2022.10·기하 30번 |

그림과 같이 한 변의 길이가 4인 정삼각형을 밑면으로 하고 높이가 $4+2\sqrt{3}$ 인 정삼각기둥 $ABC-DEF$ 와 $\overline{DG}=4$ 인 선분 AD 위의 점 G 가 있다. 점 H 가 다음 조건을 만족시킨다.

(가) 삼각형 CGH 의 평면 $ADEB$ 위로의 정사영은 정삼각형이다.
(나) 삼각형 CGH 의 평면 DEF 위로의 정사영의 내부와 삼각형 DEF 의 내부의 공통부분의 넓이는 $2\sqrt{3}$ 이다.

삼각형 CGH 의 평면 $ADFC$ 위로의 정사영의 넓이를 S 라 할 때, S^2 의 값을 구하시오. [4점]

E·37

CHALLENGE   정답률 6%   Pattern   12   Thema

| 2022.7·기하 30번 |

공간에서 중심이 O 이고 반지름의 길이가 4인 구와 점 O 를 지나는 평면 α 가 있다. 평면 α 와 구가 만나서 생기는 원 위의 서로 다른 세 점 A, B, C 에 대하여 두 직선 OA, BC 가 서로 수직일 때, 구 위의 점 P 가 다음 조건을 만족시킨다.

(가) $\angle PAO = \dfrac{\pi}{3}$
(나) 점 P 의 평면 α 위로의 정사영은 선분 OA 위에 있다.

$\cos(\angle PAB)=\dfrac{\sqrt{10}}{8}$ 일 때, 삼각형 PAB 의 평면 PAC 위로의 정사영의 넓이를 S 라 하자. $30 \times S^2$ 의 값을 구하시오. (단, $0 < \angle BAC < \dfrac{\pi}{2}$) [4점]

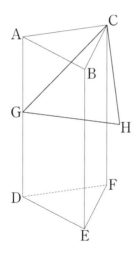

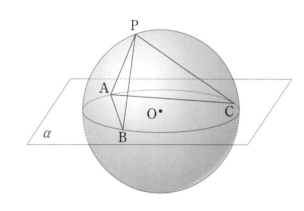

E·38

| 2022.사관·기하 28번 |

Pattern 12 Thema

[그림 1]과 같이 $\overline{AB}=3$, $\overline{AD}=2\sqrt{7}$ 인 직사각형 ABCD 모양의 종이가 있다. 선분 AD 의 중점을 M 이라 하자. 두 선분 BM, CM 을 접는 선으로 하여 [그림 2]와 같이 두 점 A, D 가 한 점 P 에서 만나도록 종이를 접었을 때, 평면 PBM 과 평면 BCM 이 이루는 각의 크기를 θ 라 하자. $\cos\theta$ 의 값은? (단, 종이의 두께는 고려하지 않는다.) [4점]

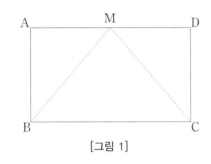

[그림 1]

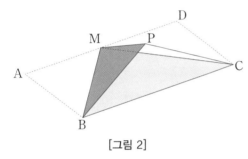

[그림 2]

① $\dfrac{17}{27}$ ② $\dfrac{2}{3}$ ③ $\dfrac{19}{27}$ ④ $\dfrac{20}{27}$ ⑤ $\dfrac{7}{9}$

E·39

| 2021.10·기하 30번 |

정답률 21%   Pattern 12 Thema

한 변의 길이가 4 인 정삼각형 ABC 를 한 면으로 하는 사면체 ABCD 의 꼭짓점 A 에서 평면 BCD 에 내린 수선의 발을 H 라 할 때, 점 H 는 삼각형 BCD 의 내부에 놓여 있다. 직선 DH 가 선분 BC 와 만나는 점을 E 라 할 때, 점 E 가 다음 조건을 만족시킨다.

(가) $\angle AEH = \angle DAH$
(나) 점 E 는 선분 CD 를 지름으로 하는 원 위의 점이고 $\overline{DE}=4$ 이다.

삼각형 AHD 의 평면 ABD 위로의 정사영의 넓이는 $\dfrac{q}{p}$ 이다. $p+q$ 의 값을 구하시오. (단, p 와 q 는 서로소인 자연수이다.) [4점]

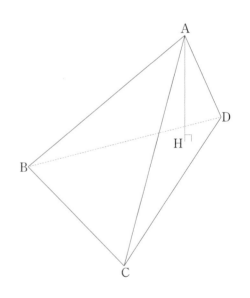

E·40
CHALLENGE   정답률 16%   Pattern 12   Thema

| 2023.7·기하 30번 |

공간에 중심이 O 이고 반지름의 길이가 4 인 구가 있다. 구 위의 서로 다른 세 점 A, B, C 가

$$\overline{AB} = 8, \quad \overline{BC} = 2\sqrt{2}$$

를 만족시킨다. 평면 ABC 위에 있지 않은 구 위의 점 D 에서 평면 ABC 에 내린 수선의 발을 H 라 할 때, 점 D 가 다음 조건을 만족시킨다.

> (가) 두 직선 OC, OD 가 서로 수직이다.
> (나) 두 직선 AD, OH 가 서로 수직이다.

삼각형 DAH 의 평면 DOC 위로의 정사영의 넓이를 S 라 할 때, $8S$ 의 값을 구하시오. (단, 점 H 는 점 O 가 아니다.) [4점]

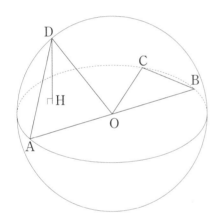

E·41
정답률 77%   Pattern 12   Thema 9

| 2014.10·B 21번 |

그림은 모든 모서리의 길이가 2 인 정삼각기둥 ABC−DEF 의 밑면 ABC 와 모든 모서리의 길이가 2 인 정사면체 OABC 의 밑면 ABC 를 일치시켜 만든 도형을 나타낸 것이다. 두 모서리 OB, BE 의 중점을 각각 M, N 이라 하고, 두 평면 MCA, NCA 가 이루는 각의 크기를 θ 라 할 때, $\cos\theta$ 의 값은? [4점]

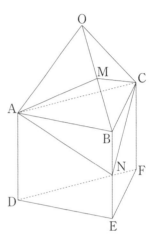

① $\dfrac{3\sqrt{2} - 2\sqrt{3}}{6}$
② $\dfrac{2\sqrt{2} - \sqrt{3}}{6}$

③ $\dfrac{3\sqrt{2} - \sqrt{3}}{6}$
④ $\dfrac{\sqrt{2} + \sqrt{3}}{6}$

⑤ $\dfrac{2\sqrt{2} + \sqrt{3}}{6}$

3. 공간도형과 공간좌표   3-1 공간도형

3-2 공간좌표

F·01 | 2021.10·기하 27번 |

정답률 65%   Pattern   13   Thema   9

좌표공간에 $\overline{OA} = 7$ 인 점 A 가 있다. 점 A 를 중심으로 하고 반지름의 길이가 8 인 구 S 와 xy 평면이 만나서 생기는 원의 넓이가 25π 이다. 구 S 와 z 축이 만나는 두 점을 각각 B, C 라 할 때, 선분 BC 의 길이는? (단, O 는 원점이다.) [3점]

① $2\sqrt{46}$ ② $8\sqrt{3}$ ③ $10\sqrt{2}$ ④ $4\sqrt{13}$ ⑤ $6\sqrt{6}$

F·02 | 2020.사관·가 11번 |

Pattern   13   Thema

좌표공간의 두 점 $A(2,\ 2,\ 1)$, $B(a,\ b,\ c)$ 에 대하여 선분 AB 를 $1:2$ 로 내분하는 점이 y 축 위에 있다. 직선 AB 와 xy 평면이 이루는 각의 크기를 θ 라 할 때, $\tan\theta = \dfrac{\sqrt{2}}{4}$ 이다. 양수 b 의 값은? [3점]

① 6   ② 7   ③ 8   ④ 9   ⑤ 10

F·03

| 2015.7·B 27번 |

정답률 60%   Pattern   13   Thema

그림과 같이 모든 모서리의 길이가 6인 정삼각기둥 ABC − DEF 가 있다. 변 DE 의 중점 M 에 대하여 선분 BM 을 1 : 2 로 내분하는 점을 P 라 하자. $\overline{CP} = l$ 일 때, $10l^2$ 의 값을 구하시오. [4점]

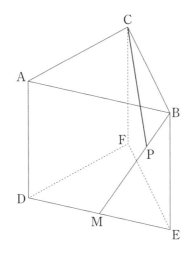

F·04

| 2015.7·B 15번 |

정답률 89%   Pattern   13   Thema

그림과 같이 $\overline{AB} = \overline{AC} = 5$, $\overline{BC} = 2\sqrt{7}$ 인 삼각형 ABC 가 xy 평면 위에 있고, 점 P$(1, 1, 4)$ 의 xy 평면 위로의 정사영 Q는 삼각형 ABC 의 무게중심과 일치한다. 점 P 에서 직선 BC 까지의 거리는? [4점]

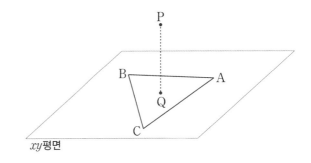

① $3\sqrt{2}$ ② $\sqrt{19}$ ③ $2\sqrt{5}$ ④ $\sqrt{21}$ ⑤ $\sqrt{22}$

F·05 |2015.사관·B 28번|

Pattern 13   Thema

좌표공간에서 구 $(x-6)^2+(y+1)^2+(z-5)^2=16$ 위의
점 P 와 yz 평면 위에 있는 원 $(y-2)^2+(z-1)^2=9$ 위의
점 Q 사이의 거리의 최댓값을 구하시오. [4점]

F·06 |2013.10·B 15번|

정답률 85%   Pattern 13   Thema

그림과 같이 좌표공간에 세 점 A$(0,0,3)$, B$(5,4,0)$,
C$(0,4,0)$이 있다. 선분 AB 위의 한 점 P 에서 선분 BC
에 내린 수선의 발을 H 라 할 때, $\overline{PH}=3$ 이다. 삼각형
PBH 의 xy 평면 위로의 정사영의 넓이는? [4점]

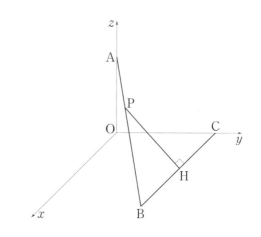

① $\dfrac{14}{5}$ ② $\dfrac{16}{5}$ ③ $\dfrac{18}{5}$ ④ 4   ⑤ $\dfrac{22}{5}$

F·07

정답률 21%   Pattern   13   Thema   9 | 2009.10·가 24번 |

평면 π에 수직인 직선 l을 경계로 하는 세 반평면 α, β, γ가 있다. α, β가 이루는 각의 크기와 β, γ가 이루는 각의 크기는 모두 $120°$이다. 그림과 같이 반지름의 길이가 1인 구가 π, α, β에 동시에 접하고, 반지름의 길이가 2인 구가 π, β, γ에 동시에 접한다.

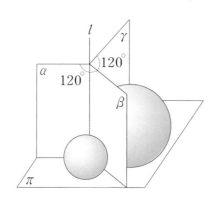

두 구의 중심 사이의 거리를 d라 할 때, $3d^2$의 값을 구하시오. (단, 두 구는 평면 π의 같은 쪽에 있다.) [4점]

F·08

CHALLENGE   Pattern   13   Thema | 2024.사관·기하 30번 |

좌표공간에 두 개의 구

$$C_1 : (x-3)^2 + (y-4)^2 + (z-1)^2 = 1$$
$$C_2 : (x-3)^2 + (y-8)^2 + (z-5)^2 = 4$$

가 있다. 구 C_1 위의 점 P와 구 C_2 위의 점 Q, zx평면 위의 점 R, yz평면 위의 점 S에 대하여 $\overline{PR} + \overline{RS} + \overline{SQ}$의 값이 최소가 되도록 하는 네 점 P, Q, R, S를 각각 P_1, Q_1, R_1, S_1이라 하자. 선분 R_1S_1 위의 점 X에 대하여 $\overline{P_1R_1} + \overline{R_1X} = \overline{XS_1} + \overline{S_1Q_1}$일 때, 점 X의 x좌표는 $\dfrac{q}{p}$이다. $p+q$의 값을 구하시오. (단, p와 q는 서로소인 자연수이다.) [4점]

F·09
CHALLENGE 정답률 18% Pattern 13 Thema | 2023.10·기하 30번 |

좌표공간에 구 $S : x^2 + y^2 + (z - \sqrt{5})^2 = 9$ 가 xy 평면과 만나서 생기는 원을 C 라 하자. 구 S 위의 네 점 A, B, C, D 가 다음 조건을 만족시킨다.

(가) 선분 AB 는 원 C 의 지름이다.
(나) 직선 AB 는 평면 BCD 에 수직이다.
(다) $\overline{BC} = \overline{BD} = \sqrt{15}$

삼각형 ABC 의 평면 ABD 위로의 정사영의 넓이를 k 라 할 때, k^2 의 값을 구하시오. [4점]

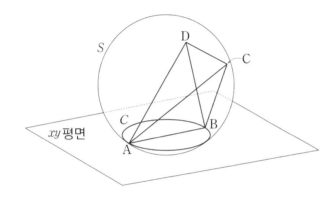

F·10
CHALLENGE Pattern 13 Thema | 2023.사관·기하 29번 |

좌표공간에 점 $(4, 3, 2)$ 를 중심으로 하고 원점을 지나는 구

$$S : (x - 4)^2 + (y - 3)^2 + (z - 2)^2 = 29$$

가 있다. 구 S 위의 점 $(a, b, 7)$ 에 대하여 직선 OP 를 포함하는 평면 α 가 구 S 와 만나서 생기는 원을 C 라 하자. 평면 α 와 원 C 가 다음 조건을 만족시킨다.

(가) 직선 OP 와 xy 평면이 이루는 각의 크기와 평면 α 와 xy 평면이 이루는 각의 크기는 같다.
(나) 선분 OP 는 원 C 의 지름이다.

$a^2 + b^2 < 25$ 일 때, 원 C 의 xy 평면 위로의 정사영의 넓이는 $k\pi$ 이다. $8k^2$ 의 값을 구하시오. (단, O 는 원점이다.)

[4점]

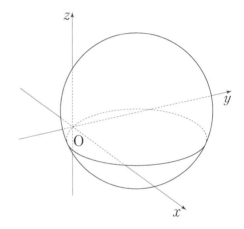

F·11

정답률 42%   해설 Thema 13 학습 | 2014.10·B 30번 |
Pattern   13   Thema   13

그림과 같이 좌표공간에서 한 모서리의 길이가 1인 정사면체 $OPQR$의 한 면 PQR가 z축과 만난다. 면 PQR의 xy 평면 위로의 정사영의 넓이를 S라 할 때, S의 최솟값은 k이다. $160k^2$의 값을 구하시오. (단, O는 원점이다.) [4점]

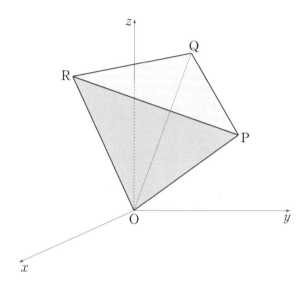

PART

2

2005 ~ 2025

교육청·사관학교·경찰대 선별

Part 1의 '교육청·사관학교·경찰대 핵심'을 제외한 나머지 문항들 중 우수문항을 선별한 파트입니다. Part 1보다는 중요도가 떨어지기 때문에 먼저 Part 1을 다 푼 후에 시작하면 됩니다.

한 권 으 로
완 성 하 는
기 출

PART
2

2005~2025 교육청 · 사관학교 · 경찰대 선별

G·01 정답률 58%
| 2013.7·B 28번 |

Pattern 2 Thema

[그림 1]과 같이 타원 $\dfrac{x^2}{a^2} + \dfrac{y^2}{b^2} = 1$ 과 한 변의 길이가 2인 정삼각형 ABC 가 있다. 변 AB 는 x 축 위에 있고 꼭짓점 A, C 는 타원 위에 있다. 한 변이 x 축 위에 놓이도록 정삼각형 ABC 를 x 축을 따라 양의 방향으로 미끄러짐 없이 회전시킨다. 처음 위치에서 출발한 후 변 BC 가 두 번째로 x 축 위에 놓이고 꼭짓점 C 는 타원 위에 놓일 때가 [그림 2]이다. $a^2 + 3b^2$ 의 값을 구하시오. [4점]

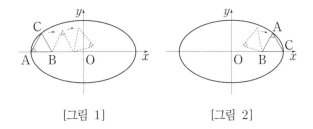

[그림 1]　　　　[그림 2]

G·02 정답률 57%
해설 실전 개념 | 2013.7·B 14번 |

Pattern 12 Thema 9

반지름의 길이가 1, 중심이 O 인 원을 밑면으로 하고 높이가 $2\sqrt{2}$ 인 원뿔이 평면 α 위에 놓여있다. (단, 원뿔의 한 모선이 평면 α에 포함된다.)

그림과 같이 원뿔을 평면 α 와 평행하고 원뿔의 밑면의 중심 O 를 지나는 평면으로 자를 때 생기는 단면의 일부분은 포물선이다. 이때 단면의 넓이는? [4점]

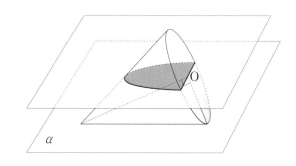

① $\dfrac{13}{8}$　　② $\dfrac{7}{4}$　　③ $\dfrac{15}{8}$　　④ 2　　⑤ $\dfrac{17}{8}$

G·03
CHALLENGE
Pattern 12 Thema 9

한 변의 길이가 8인 정사각형을 밑면으로 하고 높이가 $4+4\sqrt{3}$인 직육면체 $ABCD-EFGH$가 있다. 그림과 같이 이 직육면체의 바닥에 $\angle EPF = 90°$인 삼각기둥 $EFP-HGQ$가 놓여있고 그 위에 구를 삼각기둥과 한 점에서 만나도록 올려놓았더니 이 구가 밑면 $ABCD$와 직육면체의 네 옆면에 모두 접하였다. 태양광선이 밑면과 수직인 방향으로 구를 비출 때, 삼각기둥의 두 옆면 $PFGQ$, $EPQH$에 생기는 구의 그림자의 넓이를 각각 S_1, S_2 $(S_1 > S_2)$라 하자.

$S_1 + \dfrac{1}{\sqrt{3}}S_2$의 값은? [4점]

태양광선

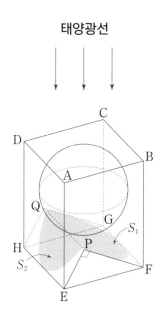

① $\dfrac{20\sqrt{3}}{3}\pi$　　② $8\sqrt{3}\pi$　　③ $\dfrac{28\sqrt{3}}{3}\pi$

④ $\dfrac{32\sqrt{3}}{3}\pi$　　⑤ $12\sqrt{3}\pi$

G·04
CHALLENGE 정답률 15%
Pattern 12 Thema

그림과 같이 반지름의 길이가 2인 구 S와 서로 다른 두 직선 l, m이 있다. 구 S와 직선 l이 만나는 서로 다른 두 점을 각각 A, B, 구 S와 직선 m이 만나는 서로 다른 두 점을 각각 P, Q라 하자.

삼각형 APQ는 한 변의 길이가 $2\sqrt{3}$인 정삼각형이고 $\overline{AB} = 2\sqrt{2}$, $\angle ABQ = \dfrac{\pi}{2}$일 때 평면 APB와 평면 APQ가 이루는 각의 크기 θ에 대하여 $100\cos^2\theta$의 값을 구하시오. [4점]

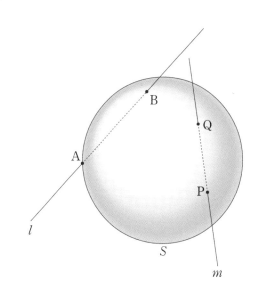

G·05

정답률 24% Pattern 12 Thema 9

그림과 같이 평면 α 위에 $\angle A = \dfrac{\pi}{2}$, $\overline{AB} = \overline{AC} = 2\sqrt{3}$ 인 삼각형 ABC 가 있다. 중심이 점 O 이고 반지름의 길이가 2 인 구가 평면 α 와 점 A 에서 접한다. 세 직선 OA, OB, OC 와 구의 교점 중 평면 α 까지의 거리가 2 보다 큰 점을 각각 D, E, F 라 하자. 삼각형 DEF 의 평면 OBC 위로의 정사영의 넓이를 S 라 할 때, $100S^2$ 의 값을 구하시오. [4점]

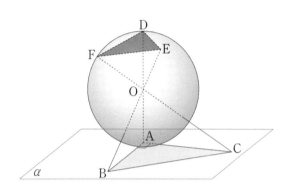

G·06

정답률 41% Pattern 12 Thema 9

한 변의 길이가 4 인 정육면체 ABCD-EFGH 와 밑면의 반지름의 길이가 $\sqrt{2}$ 이고 높이가 2 인 원기둥이 있다. 그림과 같이 이 원기둥의 밑면이 평면 ABCD 에 포함되고 사각형 ABCD 의 두 대각선의 교점과 원기둥의 밑면의 중심이 일치하도록 하였다. 평면 ABCD 에 포함되어 있는 원기둥의 밑면을 α, 다른 밑면을 β 라 하자.

평면 AEGC 가 밑면 α 와 만나서 생기는 선분을 $\overline{MN}$, 평면 BFHD 가 밑면 β 와 만나서 생기는 선분을 $\overline{PQ}$ 라 할 때, 삼각형 MPQ 의 평면 DEG 위로의 정사영의 넓이는 $\dfrac{b}{a}\sqrt{3}$ 이다. $a^2 + b^2$ 의 값을 구하시오. (단, a, b 는 서로소인 자연수이다.) [4점]

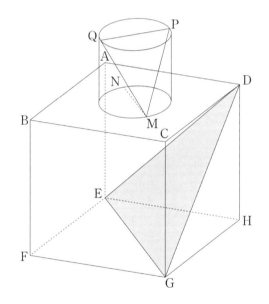

빠른 정답

※ Thema별 문항 찾아보기

1. 이차곡선

2. 평면벡터

3. 공간도형과 공간좌표

지은이 이해원 **발행인** 오우석 **펴낸곳** 시대인재북스 **발행일** 초판 2024/12/12

출판신고 2017년 5월 11일 제2017-000158호 **주소** 서울특별시 강남구 도곡로 462, 2층(대치동)

홈페이지 www.sdijbooks.com **이메일** sdijbooks@hiconsy.com